LA PERFECTION

DANS L'ART DE SOIGNER ET DE CULTIVER

LES

ABEILLES

OU MOUCHES A MIEL

A L'USAGE DES ÉCOLES ET DES HABITANTS DES CAMPAGNES

Par J. DONOT, Curé de Vouillers (Marne)

2e ÉDITION, REVUE, AUGMENTÉE ET ORNÉE DE FIGURES

PRIX, 1 FR. 60 ; FRANCO, 1 FR. 80.

ORDRE, ÉCONOMIE, TRAVAIL ASSURENT PROSPÉRITÉ.

En vente chez l'auteur et dans plusieurs librairies de la Marne.

CHALONS-SUR-MARNE

T. MARTIN, IMPRIMEUR-LIBRAIRE, PLACE DU MARCHÉ-AU-BLÉ, 50.

1883

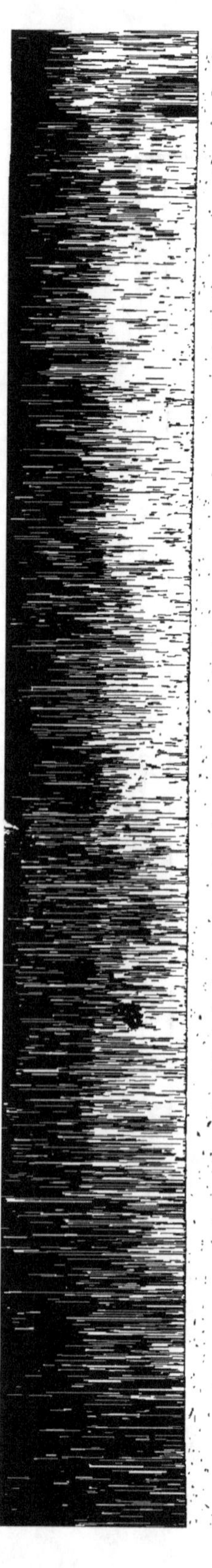

LES ABEILLES

LA PERFECTION

DANS L'ART DE SOIGNER ET DE CULTIVER

LES

ABEILLES

OU MOUCHES A MIEL

A L'USAGE DES ÉCOLES ET DES HABITANTS DES CAMPAGNES

Par J. DONOT, Curé de Vouillers (Marne)

2e ÉDITION, REVUE, AUGMENTÉE ET ORNÉE DE FIGURES

PRIX, 1 FR. 60 ; FRANCO, 1 FR. 80.

ORDRE, ÉCONOMIE, TRAVAIL ASSURENT PROSPÉRITÉ.

En vente chez l'auteur et dans plusieurs librairies de la Marne.

CHALONS-SUR-MARNE

T. MARTIN, IMPRIMEUR-LIBRAIRE, PLACE DU MARCHÉ-AU-BLÉ, 50.

1883

AVANT-PROPOS

On ne saurait trop multiplier et répandre les livres qui traitent de la culture des abeilles ou mouches à miel; c'est l'unique moyen de faire sortir d'une routine peu intelligente et infructueuse certains habitants de la campagne, de leur faire adopter une méthode perfectionnée et d'une facile exécution. Aujourd'hui, tout progresse : instruction, industrie, agriculture, commerce. Pourquoi l'apiculture (culture des abeilles) ne progresserait-elle pas et l'apiculteur lui-même, qui trouvera dans ses mouches bien dirigées un modèle d'ordre, d'économie et de travail? C'est vraiment pénible de voir quelques ruchers, non-seulement ne pas augmenter, mais tomber dans une ruine complète; c'est une perte qui jette dans l'abattement, et l'on n'ose plus faire de nouveaux frais, de nouvelles avances pour acquérir d'autres ruches. Reprenez courage, chers amis de la campagne, achetez ce modeste livre fait exprès pour vous; lisez et relisez-le avec attention. Procurez-vous sans crainte quelques paniers de mouches; conduisez-les selon les règles que je vous y donne. Qu'arrivera-t-il? Ah! c'est que vos abeilles prospéreront et vous serez satisfaits. Il ne se perdra plus rien, dans vos environs, de ce suc si précieux des fleurs, de ce miel qui fait les délices de votre table, de cette cire qui, mise en forme de beau cierge façonné, est portée avec tant de bonheur à l'église par vos enfants, au plus beau jour de leur vie, celui de la première communion.

Pour composer ce traité, d'une utilité incontestable, j'ai

parcouru les meilleurs auteurs qui résument aujourd'hui toutes les expériences faites et les succès obtenus depuis plus d'un siècle; j'ai mis moi-même en pratique leurs méthodes, en les simplifiant, et c'est après vingt-quatre ans d'un travail suivi et assidu que je me permets de vous offrir une seconde fois mes observations, pour vous venir en aide dans les soins qu'il faut donner à vos abeilles.

Les principes de l'apiculture sont les mêmes partout; ils peuvent et doivent s'appliquer dans toutes les contrées, sauf à faire quelques légères modifications selon le climat plus ou moins chaud que vous habitez, l'abondance ou la rareté des fleurs, ainsi que leurs différentes espèces, la bonne, médiocre ou mauvaise année.

Je commence par vous donner ici un excellent avis, c'est de ne pas vous lancer de suite dans un perfectionnement au-dessus de vos capacités actuelles, mais d'y arriver petit à petit, d'année en année. Après avoir lu, même plusieurs fois, chaque leçon de cet ouvrage, vous ferez des essais; il vous arrivera peut-être que quelques-uns ne vous réussiront pas. Il ne faudra pas pour cela vous décourager, ni blâmer les moyens indiqués, mais seulement attribuer votre manque de succès à votre peu d'expérience, et bien vous rappeler qu'en apiculture, comme en d'autres choses, on apprend quelquefois à ses dépens.

J'ai lu tous les livres traitant de l'apiculture et j'ai remarqué qu'il en manquait un pour les habitants et les écoles de la campagne; j'ai donc rédigé celui-ci pour leur plus grand avantage et j'ai fait en sorte, par sa simplicité, qu'il fût mis à la portée de tous. Mon plus ardent désir, chers collègues, est de vous voir donner des soins intelligents à vos abeilles et de vous savoir heureux de la prospérité qui règne dans votre rucher. C'est alors que vous les aimerez sincèrement et que vous vous y attacherez de tout cœur. Votre bonheur sera de vous en entretenir dans votre voisinage, de parler de vos expériences, de vos succès, de vos bénéfices. Chacun alors, à votre exemple, désirera la possession de quelques paniers de mouches pour son agrément et son utilité, et fera dans ce but un léger sacrifice qu'il ne regrettera jamais. Les enfants de la maison s'y attacheront sincèrement dès le jeune âge, affectionneront ces petits prodiges du travail et de l'industrie. Ouvriers et cultivateurs, enfants et jeunes gens, une partie de votre bonheur, une de vos plus douces jouissances sera dans la possession de vos abeilles. Quand un jeune homme partira pour l'armée, il ira verser une douce larme, déposer un baiser sur chaque ruche. À son retour, il sera heureux de revoir ses abeilles, comme il sera enchanté de revoir le clocher de son village, son père et sa mère, ses parents et ses amis. Un jeune homme, une jeune personne, remplis de ces sentiments, se décideront-ils jamais à aller habiter la ville, cette terre qui serait pour eux si aride, si sèche et si étrangère? Non, assurément! La prédilection qu'ils ont pour leurs chères abeilles les retiendra à la campagne, parce que là seulement ils trouveront cette félicité que le Souverain Créateur réserve aux cœurs bien disposés. La douceur de l'ombrage d'un verger, le plaisir de voir sortir un essaim, un beau rayon de miel placé sur la table, un autre que l'on offre à un ami, voilà une joie qui l'emportera toujours sur les prétendus agréments que peut donner une ville animée et bruyante.

Pour aimer sincèrement les abeilles, il faut que cette affection pénètre dans le cœur et s'y grave dès la plus tendre enfance. Si l'on veut atteindre plus sûrement ce but, il sera nécessaire qu'il y ait un rucher modèle dans le jardin de chaque école et de chaque presbytère. La théorie sera donnée dans la classe par l'instituteur, l'institutrice; on en fera l'application en son temps. Les enfants se familiariseront ainsi avec ces insectes si intéressants, si merveilleux, et apprendront à leur donner tous les soins, seuls moyens de s'y attacher et d'en tirer des bénéfices plus que compensateurs du temps employé à les soigner. Il serait bon alors, pour ne pas avoir à déplacer les paniers de mouches au départ d'un instituteur, qu'ils fussent la propriété de la commune; elle en ferait les premiers frais; le bénéfice serait partagé par moitié entre la commune et l'instituteur.

Le rucher du presbytère serait la propriété du curé ou de la fabrique, et là pourraient se répéter les leçons déjà reçues à l'école, ce qui graverait davantage les bons principes de l'apiculture dans l'esprit des jeunes gens.

Ce traité sur les abeilles ferait partie de toute bibliothèque scolaire, communale ou paroissiale, et chacun pourrait le consulter au besoin. A l'école normale, au petit séminaire, au collège, à la pension des garçons et même des filles, il serait au nombre des livres de lecture que devrait posséder chaque élève : il serait celui qui se rapprocherait le plus des livres classiques.

J'ai parlé de l'agrément que peut procurer un rucher; disons maintenant un mot sur les bénéfices qu'il peut rapporter à son heureux propriétaire. Je suppose que chacun mettra en pratique les vrais principes sur l'apiculture, que l'on n'aura que des ruches fortes et populeuses; qu'on fera en temps opportun les réunions qui seraient devenues nécessaires pour atteindre ce résultat, comme il sera dit dans la 12ᵉ leçon. Dans ces conditions et dans des contrées moyennement productives en fleurs diverses, toute compensation faite entre une bonne et une mauvaise année, je dis que chaque ruche peut rapporter annuellement 5 à 6 kilogrammes de miel et 500 grammes de cire, le tout pouvant être estimé de 7 à 10 francs, selon la localité; 7 à 10 francs par ruche donnent 70 à 100 francs pour 10 ruches, 350 à 500 francs pour 50 ruches, et ainsi de suite. Pour arriver à ce bénéfice, il ne vous faudra pas débourser une bien forte somme. Commencez ordinairement avec 2, 3 ou 4 ruches que vous achèterez chacune 15 à 20 francs, rarement plus; ce qui vous fera une première mise d'argent peu considérable. Vous êtes assuré d'un rapport de 50 à 60 pour 100. Achetez toujours en hiver, du 1ᵉʳ novembre au 1ᵉʳ avril. Les meilleurs paniers sont de bons essaims de l'année ou des ruches d'un an et demi, ayant donné un essaim en juin dernier, bien peuplées en abeilles et d'un bon poids pour le miel. Ces dernières ruches ont une jeune reine, condition avantageuse pour qu'elles prospèrent à merveille.

Il y a parfois, dans certaines contrées, des personnes qui ont des préjugés assez étranges sur les abeilles, préjugés basés sur certains événements arrivés à la même époque et dont l'un, comme effet, est attribué à l'autre comme cause. On s'imagine, par exemple, qu'on ne doit jamais acheter ou vendre des mouches à prix d'argent ; erreur évidente : que l'on traite en argent ou que l'on fasse un échange, ceci ne peut influencer en rien sur des abeilles bien soignées.

Quelques personnes posent sur leurs ruches un morceau d'étoffe noire quand il meurt un membre de la famille, surtout son chef. Je vous demande ce que peut faire de bien à votre rucher cette étoffe, ou quel dommage souffrira-t-il si vous n'en mettez pas. La mort du propriétaire l'empêchera peut-être d'être aussi bien soigné ; telle est la seule cause qui pourrait le faire dépérir.

Ce traité d'apiculture étant destiné en partie aux écoles, je l'ai divisé en 12 leçons, dont une pour chaque mois, en commençant au mois d'octobre, époque la plus générale de la rentrée des écoles de campagne. Certaines leçons enseigneront spécialement ce qu'il faudra mettre en pratique dans le mois où l'on se trouve, ou à peu près. Si elle était un peu trop longue pour être donnée en une seule fois, on pourrait la diviser en deux ou trois parties. Il serait bon de les donner le dimanche après les offices, ou le soir, ce qui pourrait y attirer les jeunes gens qui auraient quitté l'école, même depuis plusieurs années.

Après chaque leçon se trouve un résumé des travaux et soins à donner aux abeilles pendant ce mois. Vous pourrez toujours le consulter avec fruit, en l'appliquant un peu plus tôt ou un peu plus tard, selon le climat.

La première édition de cet ouvrage a été exposée au concours d'apiculture établi à Paris, dans l'orangerie des Tuileries.

au mois de septembre 1874 ; elle a été honorée et récompensée d'une médaille d'argent de 1re classe.

En 1881, la Société académique des sciences, arts, commerce et agriculture de Châlons-sur-Marne avait à décerner, parmi ses divers concours, un prix de 50 fr. en argent, fondé par M. l'abbé Aubert, décédé curé de Juvigny, le 10 juillet 1871, en faveur de l'apiculteur de la Marne dont le rucher serait le mieux tenu et qui aurait obtenu le plus de succès. Celui qui est établi dans le jardin du presbytère de Vouillers, dirigé d'après la méthode de ce traité, ayant été visité par MM. Juglar et Brisson, membres de la susdite Société, a obtenu non seulement ce prix, mais encore une médaille d'argent que la commission a bien voulu y ajouter en signe de sa complète satisfaction. Ce prix est donc resté en famille. Comme il est quinquennal, avis aux amateurs pour 1886, 1891, etc.

Si la première édition de ce traité — dont beaucoup d'acquéreurs ont écrit à l'auteur des lettres même trop élogieuses, — a déjà pu obtenir et donner de tels succès, on peut se procurer sans hésitation la deuxième, qui a été retouchée et augmentée, et qui a sur son aînée l'avantage d'être ornée de 50 figures, enclavées dans le texte, et empruntées au *Cours pratique d'apiculture* de M. Hamet, qui a bien voulu les mettre à ma disposition.

Je prie les Apiculteurs expérimentés de me faire part de leurs observations, découvertes et perfectionnements, concernant la culture des abeilles ; je les accueillerai toujours avec reconnaissance. (Écrire franco.)

LA PERFECTION

DANS L'ART DE SOIGNER ET DE CULTIVER

LES

ABEILLES

PREMIÈRE LEÇON. — MOIS D'OCTOBRE.

Histoire des Abeilles.

1° Qu'est-ce que l'Apiculture ?

R. L'Apiculture ou culture des abeilles comprend l'étude de ces insectes, de leurs instincts, de leurs travaux, des soins à leur donner, leur logement, la récolte de leurs produits en miel et en cire. Tout ce que vous lirez dans ce livre ne sera que le développement ou l'explication de ces premières lignes, et ce volume sera le véritable manuel de l'apiculteur, ou amateur d'abeilles.

2° Qu'est-ce que l'abeille ?

R. L'abeille ou mouche à miel est un insecte de petite taille, de l'ordre des hyménoptères (mouches à quatre ailes), vivant en famille, peuplade ou colonie, destinée par le Créateur à recueillir le miel et à produire la cire. Chaque colonie doit être logée séparément dans une ruche ou panier. Une ruche contient trois sortes d'abeilles : 1° les abeilles ouvrières, dont le nom fait connaître les fonctions ; 2° la mère-abeille, que j'appellerai quelquefois reine, pour me conformer à l'usage de la plupart des contrées ; 3° une certaine quantité de mâles, que je désignerai sous le nom de bourdons, à cause du bourdonnement assez fort qu'ils produisent en volant.

3° Y a-t-il plusieurs espèces d'abeilles ?

R. On voit un grand nombre de mouches se poser sur les fleurs pour en recueillir le miel et la poussière. Il y en a de toutes couleurs et de grosseurs différentes, dont quelques-unes, comme la guêpe et le frelon, ont un aiguillon ou dard très-venimeux. Mais, en Europe, il y en a seulement deux espèces que l'homme peut réunir et posséder pour en tirer des profits ; c'est : 1° l'abeille commune, qui est la plus répandue et que nous connaissons tous ; 2° l'abeille jaune des Alpes, appelée aussi abeille ligurienne et qui est originaire d'Italie. Cette dernière espèce est plus rare ; elle commence cependant à être connue en France et en Allemagne où elle se propage. Dans chacune de ces deux espèces, il y a parfois de légères variétés dont on ne doit tenir aucun compte dans la pratique.

4° Qu'y a-t-il à remarquer sur les abeilles ouvrières ?

R. Les abeilles ouvrières, qui forment la partie la plus nombreuse et la plus importante de toute colonie,

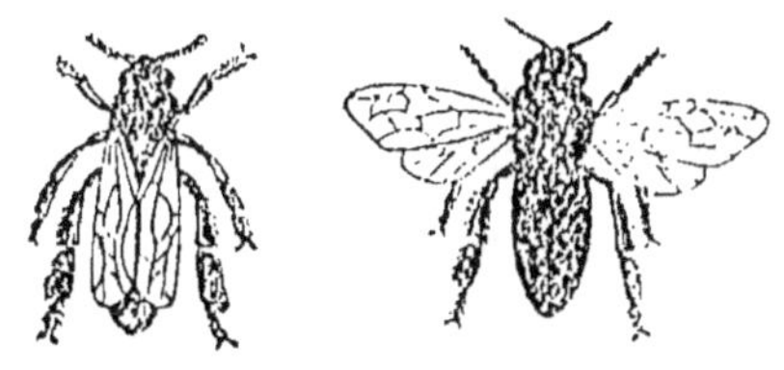

(*Fig. 1.*) Ouvrière
vue en repos.   (*Fig. 2.*) Ouvrière
vue au vol.

sont des insectes d'environ 15 millimètres de longueur, de couleur gris-noir. Ce sont des femelles dont l'ovaire (vaisseau intérieur produisant les œufs), n'a pu être développé à cause de l'espace étroit dans lequel elles ont été élevées. Le corps de l'abeille est composé de trois parties principales : la tête, le corselet, le ventre ou abdomen.

La tête est garnie de deux yeux sur les côtés et d'un troisième sur le haut, de deux antennes pliantes (espèce de cornes) de couleur noire. Dans la bouche, outre la lèvre supérieure et les mâchoires, il y a une trompe ou langue allongée, en forme de tuyau creux, que l'insecte plonge dans les fleurs pour en tirer le suc.

Le corselet, qui forme le milieu de l'abeille et auquel se rattachent la tête et le ventre par un très-mince filet, est de forme presque ronde. Sur le haut se trouvent quatre ailes légères et transparentes ; au-dessous, six pattes de différentes longueurs, rangées par paires, divisées en plusieurs parties, et munies de crochets à leur extrémité A. Ces pattes sont garnies de

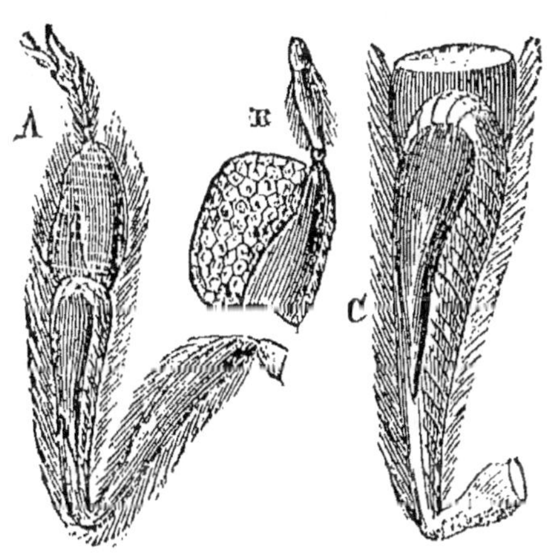

(*Fig. 3.*) Pattes et parties de pattes grossies
de l'abeille ouvrière.

brosses C pour réunir les parcelles de pollen E (poussière
des fleurs) qu'elles attachent ensuite, en forme de lentille,
aux deux pattes de derrière, en un endroit plus large
et formant, vers le milieu, une concavité peu sensible.
Cette partie du corps contient aussi les organes de la
respiration.

Le ventre ou abdomen est composé à l'extérieur de
six bandes écailleuses ou anneaux, de dimensions différentes, pouvant s'allonger ou se
ressserrer les uns sur les autres. L'intérieur renferme deux estomacs, dont
l'un est une espèce de bouteille A où
elles entassent le miel qu'elles recueillent pour le déposer ensuite dans
les rayons ; l'autre B sert à digérer
celui qui doit les nourrir et celui qui
est destiné à produire la cire. A l'extrémité se trouve le tube renfermant

(*Fig. 4.*) Double estomac
de l'abeille ouvrière.

l'aiguillon et le venin qui l'accompagne, lorsque l'abeille
s'en sert pour attaquer tout ce qu'elle considère comme
ennemi.

5° Qu'est-ce que la reine, ou abeille-mère?

R. La reine est une abeille ordinaire qui est un tiers
environ plus longue et un peu plus grosse que les
ouvrières. Ce développement vient de ce
qu'elle a été élevée dans une cellule spéciale, plus étendue, et de la nourriture
plus abondante qu'elle y a reçue et
absorbée. Son ventre est plus allongé et
se termine plus en pointe que celui des

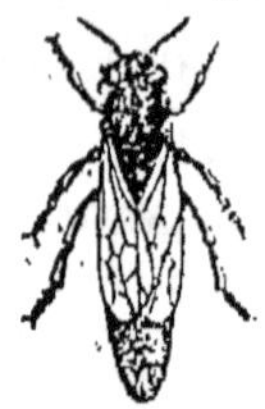

(*Fig. 5.*)
Abeille-mère.

autres mouches. Sa couleur plus brillante, d'un brun doré en dessous et un peu jaunâtre en dessus, ses pattes plus colorées et un peu plus longues la font facilement reconnaître au milieu de sa famille. Ses ailes ressemblent parfaitement à celles de l'ouvrière et sont par cela même plus courtes que son corps. Elle est armée d'un aiguillon assez fort, un peu recourbé, dont elle ne se sert que pour attaquer et détruire d'autres reines qui peuvent se trouver dans la même peuplade après une réunion, ou dans les essaims secondaires; ce qui fait comprendre que, dans chaque ruche, il n'y a et ne peut y avoir qu'une seule abeille-mère. S'en trouve-t-il plusieurs, que presque aussitôt elles conçoivent l'une pour l'autre une aversion qui les porte à s'attaquer et à se battre jusqu'à ce qu'une ou plusieurs aient reçu le coup de la mort. Une seule doit rester maîtresse du champ de bataille, c'est ordinairement la plus forte, la plus vigoureuse et celle par conséquent qui procurera à la colonie les plus précieux avantages par une ponte plus abondante. Il est très-probable que les abeilles adoptent aussi et protègent la meilleure pour la reproduction, en l'aidant à la destruction des autres.

5° *Comment reconnaît-on les bourdons?*

R. Les bourdons se distinguent facilement de la reine et des travailleuses par plus de grosseur et une couleur presque noire. Leur tête est ronde, et deux gros yeux y brillent sur chaque côté; leurs ailes sont plus longues, plus larges et en parfaite proportion avec leur taille. Ils sont élevés avec les mêmes soins, la même nourriture que les abeilles ouvrières,

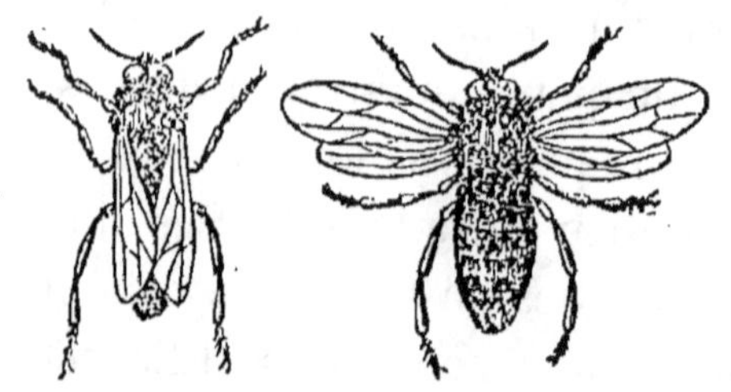

(*Fig. 6.*) Mâle ou faux-bourdon (*Fig. 7.*)
vu au repos.   vu au vol.

mais dans des cellules plus spacieuses. Quand on en voit quelques-uns beaucoup plus petits que les autres, c'est qu'ils ont été élevés dans des alvéoles trop étroits, qui ne leur ont pas permis de prendre tout leur développement. Ils n'ont pas d'aiguillon ; on peut donc les saisir sans danger. Ils n'ont pour se défendre que leur bourdonnement plus fort, qui effraie facilement ceux qui n'y sont pas accoutumés et les fait s'éloigner d'eux et de leur ruche. Ils exhalent une odeur distincte de celle des abeilles ouvrières, odeur que l'on saisit facilement à l'odorat, quand on les pince dans les doigts, surtout aux époques où le degré de chaleur est assez élevé.

7° Quelles sont les fonctions des trois sortes d'abeilles que renferme une ruche ?

R. Les abeilles, destinées à vivre en peuplades fort nombreuses, se composent, pour chaque panier, des trois sortes de mouches dont je viens de donner la description. Il y a pour chacune d'elles des fonctions particulières, très différentes les unes des autres et qu'il est fort important de bien connaître, puisqu'elles servent souvent à déterminer les opérations que l'on doit pratiquer sur les ruches, si on veut le faire avec succès et avec fruit.

1° FONCTIONS DE LA REINE, OU ABEILLE-MÈRE. — La fonction unique de la mère-abeille est de peupler la colonie par la ponte de milliers d'œufs, et de multiplier ou propager l'espèce par les essaims qui en sont la conséquence. Elle ne va pas butiner le miel ; elle ne sort de la ruche que quand, peu de jours après sa naissance, elle s'accouple avec un bourdon pour recevoir la fécondation, ou bien pour accompagner un essaim premier, second, etc.

Pour qu'une reine soit de bonne qualité, il est nécessaire qu'elle soit fécondée peu de jours après sa naissance. Si alors le temps est beau et favorable, elle sort de sa ruche à l'heure où les bourdons prennent leurs ébats, et y rentre presque aussitôt, cette première sortie n'étant que pour reconnaître les environs et sa ruche elle-même. Peu de temps après, une demi-heure environ, elle sort de nouveau, et c'est alors qu'a lieu l'accouplement en plein air : un seul suffit pour la rendre féconde pendant toute la durée de son existence.

Après une fécondation en temps opportun, la mère-abeille commence sa ponte, qui produit un nombre très-considérable d'œufs d'ouvrières, de 40 à 80,000 dans une seule année. Elle pond aussi un petit nombre seulement d'œufs de bourdons, environ 500 à 1,500 chaque printemps.

Quand la fécondation a été retardée par un temps froid ou pluvieux qui a empêché sa sortie et celle des bourdons, la reine pond moins d'œufs d'ouvrières et un plus grand nombre d'œufs de bourdons, en proportion du retard qu'elle a éprouvé. Elle ne pond que des œufs

de bourdons, si la fécondation a été trop tardive ; car
elle a été sans effet, puisqu'elle pondrait alors autant
d'œufs, et seulement de bourdons, si l'accouplement
n'avait pas eu lieu. Dans le second cas, la ruche ne
peut guère prospérer ; dans le troisième, elle est condamnée à une ruine inévitable et prochaine.

La mère-abeille, rentrée dans sa ruche après une
fécondation régulière, se débarrasse d'abord des parties
génitales du bourdon qui sont restées attachées à l'extrémité de son abdomen. Après un jour et demi environ,
elle commence sa ponte, qu'elle continue toute l'année
dans les climats chauds où la végétation et la production des fleurs n'est pas interrompue, et une grande
partie de l'année dans les climats tempérés où règne un
hiver plus ou moins rigoureux. Elle ne l'interrompt que
dans cette circonstance ou bien encore, en cas de maladie ou d'un désordre quelconque dans la ruche.

Tous les œufs que pond la mère-abeille, même
régulièrement fécondée, sont de
leur nature et dans leur origine
des œufs de bourdons. Ce n'est
qu'en passant près de la vésicule S
ou petite bouteille contenant la
matière fécondante que l'œuf est
réellement fécondé pour produire
une ouvrière ou même une reine.
Dans ce cas, le germe qui aurait,
sans fécondation, produit un bour-

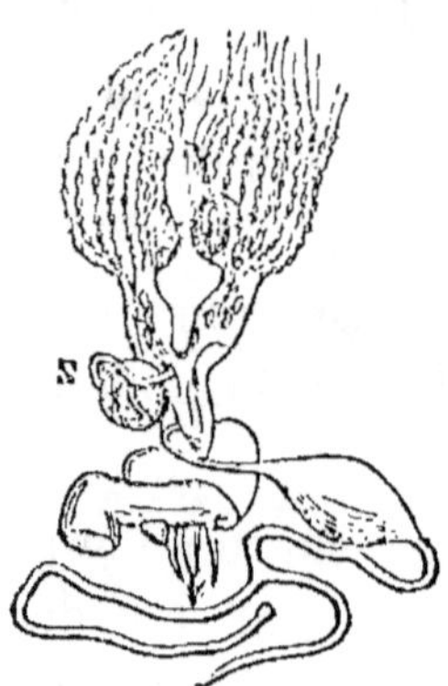

(*Fig. 8.*) Organes
générateurs de l'abeille-mère.
don est anéanti ou sans effet, et il
ne se développe dans l'œuf que celui d'abeille ouvrière.

Comment se fait-il qu'un grand nombre d'œufs sont fécondés et quelques autres ne le sont pas pour produire alors des bourdons? C'est là une question encore dans le domaine des débats ; étant sans importance dans la pratique, je n'entreprends pas de la résoudre.

Quand toutes les petites cellules sont remplies, le besoin de pondre force la reine à le faire dans des alvéoles plus spacieux ; soit instinctivement, soit mécaniquement, l'œuf sort sans être fécondé et produit nécessairement un bourdon. Voilà ce qui explique pourquoi il y a des bourdons seulement dans les colonies très-populeuses et pas dans les faibles.

Lorsqu'une reine a été fécondée trop tardivement et par conséquent irrégulièrement, elle pond des œufs de bourdons en bien plus grand nombre et même dans les petits alvéoles destinés aux ouvrières ; en voici la raison : la fécondation s'étant opérée trop tard, en un temps où la vésicule commençait déjà à se dessécher et à se rétrécir, elle n'a pu absorber qu'une légère partie de la matière fécondante ; elle n'en renferme donc pas assez pour en fournir à tous les œufs qui sont pondus.

Il y a une saison où l'abeille-mère pond davantage que dans les autres, c'est au printemps, époque où les ouvrières récoltent plus de miel et surtout plus de pollen qui sert à l'élevage du couvain. Alors se répare la perte du personnel, causée par les rigueurs de l'hiver et les sorties du printemps, en des jours trop froids qui engourdissent un certain nombre d'abeilles, au point de les empêcher de retourner dans leur ruche. Elles meurent bientôt, à moins que quelques rayons assez ardents du soleil ne les réchauffent ; elles ne manquent pas alors de reprendre leur vol et de retourner au logis.

Par ces diverses considérations il est facile de comprendre combien une mère-abeille, régulièrement fécondée, est nécessaire dans une ruche. C'est au point que, si elle meurt sans qu'il soit possible de la remplacer par une jeune, ou si elle manque pour une cause quelconque, la colonie tombe dans la langueur et l'abattement, sa population diminue peu à peu, et la ruche finit bientôt par se retrouver sans habitants.

2° FONCTIONS DES BOURDONS. — Les bourdons sont destinés à féconder les jeunes reines qui sont élevées dans chaque ruche après la sortie du premier essaim, ou après la mort d'une vieille mère.

Mais pourquoi y en a-t-il un si grand nombre, puisque quelques-uns suffisent pour cet acte si nécessaire et si important? On pourrait répondre qu'en ce point, comme en une infinité d'autres du même genre, il y a prodigalité de la nature, pour que la jeune reine puisse facilement en rencontrer dans sa sortie. On pourrait croire aussi qu'ils ont une destination secondaire qui serait, par leur grand nombre, d'entretenir une chaleur suffisante dans la ruche après le départ des essaims, et d'assurer ainsi la conservation et l'éclosion du couvain. Dans la chasse qu'on leur fait parfois pour les détruire, il faut donc se tenir dans certaines limites. Je sais bien qu'en dehors de ces deux circonstances ils ne sont d'aucune utilité; ils pourraient plutôt être nuisibles. Paresseux de leur nature, ils n'amassent jamais le miel

ni le pollen sur les fleurs ; ils semblent rester sans mouvement et se livrer au sommeil une forte partie du
temps, au lieu le plus chaud et le plus commode de
l'habitation ; ils absorbent du miel en abondance, et ils
sortent vers le milieu des plus beaux jours pour en
faciliter et précipiter la digestion. Leur vie se passe
donc à bien manger, bien dormir, et à se promener par
le beau temps. Ce sont les rentiers de la colonie, mais
pas pour toujours.

3° FONCTIONS DES ABEILLES OUVRIÈRES. — Les ouvrières, qui forment le gros de la ruche, sont destinées
à exécuter tous les travaux, tant à l'extérieur qu'à
l'intérieur de leur habitation. Au temps des fleurs, les
unes vont y chercher la nourriture en miel et pollen
pour toute la famille ; d'autres vont chercher l'eau
nécessaire à l'alimentation générale. A l'intérieur, un
bon nombre s'occupent à la construction des rayons
ou gâteaux, ou à préparer le lait destiné à l'élevage du
couvain. Enfin quelques-unes sont chargées de la garde
de la maison, de sa propreté, de sa ventilation pour
renouveler l'air vicié ou trop chaud. Il y en a aussi
qui s'occupent à nettoyer les alvéoles destinés à recevoir
les œufs de la reine, et qui l'accompagnent pour lui
servir la nourriture ou recevoir les déjections qu'elle ne
peut aller émettre au dehors ; elles remplissent en sa
place cette humble et modeste fonction.

Malgré cette diversité de travaux, la plus précieuse
union et une entente parfaite règnent entre les abeilles
d'une même famille. Mais autant elles se supportent

et s'aiment entre elles, autant elles sont impitoyables pour les étrangères qui aborderaient leur logis avec un air hostile et tant soit peu mal disposé ; elles sont attaquées, mises à mort ou chassées sans pitié. Cependant, qu'une abeille égarée, dont on a supprimé ou déplacé la ruche, se présente avec un air suppliant, elle pourra être reçue en amie et fera désormais partie de la famille.

8° Quelle est la durée de l'existence des abeilles ?

R. Les reines vivent de 4 à 5 ans ; dans ce nombre d'années, dans toute leur vie, en un mot, elles pondent plus de trois cent mille œufs ; elles peuvent atteindre le chiffre de cinq cent mille et même au-delà, si elles sont à la tête d'une peuplade nombreuse et bien organisée. Après quatre ans, elles sont déjà vieilles et pondent moins ; il serait bon de chercher alors à les remplacer, mais on laisse ordinairement ce soin aux abeilles. Celui qui voudrait le faire lui-même en trouvera la recette à la fin de la huitième leçon.

La durée de l'existence des bourdons est assez courte et se limite à deux ou trois mois, quoiqu'ils pourraient vivre plus longtemps. Lorsque la saison des essaims est passée, qu'il ne reste plus de jeunes reines à féconder, que la récolte du miel devient moins abondante par la rareté des fleurs, les travailleuses commencent à faire la chasse à ces gourmands et ces paresseux qui sont à charge à la colonie et la ruineraient par leur voracité. C'est dans le cours de juillet, un peu plus tôt, un peu plus tard, qu'elles les tuent impitoyablement en leur

enfonçant dans le corps leur aiguillon qu'elles se donnent ensuite le temps de retirer. Si une ruche n'avait
pas la force de s'en débarrasser, elle courrait à une perte
assurée. C'est dans ce cas qu'un apiculteur soigneux
et vigilant doit leur venir en aide au moyen d'une boîte
appelée *bourdonnière*, composée de fils de fer espacés
dans une certaine mesure. Les ouvrières peuvent y
entrer facilement et en sortir ; les bourdons y pénètrent
bien aussi par la disposition des fils de l'entrée se
prêtant à leur passage et se resserrant ensuite ; une
fois entrés, ils ne peuvent plus sortir. Dès que la boîte
est pleine, ou vers le soir, on les noie en laissant la
bourdonnière plongée dans un seau d'eau pendant
toute la nuit. On recommence cette opération chaque
jour jusqu'à destruction à peu près complète. Que l'on
se garde bien néanmoins de la pratiquer sur aucune
ruche avant le premier essaim, ou dans les vingt-quatre
jours qui suivent sa sortie, à moins d'y être obligé par
une surabondance extraordinaire.

La vie de l'ouvrière ne s'étend jamais au-delà d'un
an, et même beaucoup d'entre elles vivent bien moins
longtemps, à cause des dangers de toutes sortes qu'elles
peuvent courir et qui occasionnent la mort d'un grand
nombre. Ce sont les oiseaux, les araignées et d'autres
animaux qui les saisissent ; elles sont surprises par des
vents froids, des pluies torrentielles, des orages, et ne
peuvent rentrer. Quelques-unes tombent dans l'eau, où
elles se noient ; d'autres, enfin, ayant leurs ailes trop
usées, s'étant trop fatiguées ou trop chargées de miel
et de pollen, ne peuvent retourner à leur asile, meurent

victimes de leur dévouement et de leur zèle pour le travail. Ce qui démontre clairement cette vérité, c'est la grande quantité de couvain qui se produit pendant tout l'été, et, malgré cette reproduction, voyez à la fin de l'automne et surtout à la sortie de l'hiver : le nombre des abeilles a certainement beaucoup diminué.

9° *Quels sont les principaux sens des abeilles?*

R. Outre l'ouïe qui est très développée et sur laquelle je ne m'étends pas, il y a dans l'abeille un sens très délicat et tout particulier, dont le siège paraît être dans les antennes. Ainsi, dès que deux ou plusieurs abeilles se rencontrent, elles se touchent par ces antennes et paraissent se flairer pour s'assurer si elles sont, ou non, de la même famille.

L'odorat est un des sens les plus importants dans les abeilles ; dès que l'odeur des fleurs et du miel arrive jusqu'à elles, on les voit se diriger en droite ligne de ce côté, même à plusieurs kilomètres, pour y rechercher les plantes qui doivent leur donner une abondante récolte. Ce sens leur sert aussi beaucoup pour reconnaître leur ruche et se reconnaître entre elles. Chaque ruche et toute abeille qui en fait partie, exhalent une odeur qui leur est particulière ; c'est aussi à cette odeur qu'elles savent distinguer si une abeille est de leur colonie, ou si elle est étrangère.

Leur goût paraît être assez indifférent ; car si on les voit rechercher avec empressement les liqueurs de l'odeur la plus suave, elles se jettent aussi sur le mauvais miel et sur toute substance tant soit peu sucrée, sur les urines même, etc.

L'organe de la vue est excellent dans ces insectes, et leur permet de voir très-loin en plein jour ; la nuit elles n'aperçoivent qu'à une légère distance, juste ce qu'il faut pour exécuter les travaux dans l'intérieur de leur habitation.

10° *Les abeilles vont-elles butiner à une grande distance de leur ruche?*

R. Il n'est pas facile d'apprécier avec quelque certitude la distance que parcourent les mouches à miel ; quand elles trouvent des fleurs abondantes à proximité de leur demeure, elles ne s'éloignent pas, mais si les fleurs manquent, ou sont assez rares aux environs, elles vont plus loin, jusqu'à ce qu'elles découvrent quelques produits mielleux, sans cependant jamais aller au-delà de quatre à cinq kilomètres.

11° *Peut-on attribuer un langage aux abeilles ?*

R. Les abeilles n'ont pas de langage proprement dit, mais il y a dans leur bourdonnement une certaine diversité qui fait comprendre à chacune des autres les sensations diverses qu'elles peuvent éprouver ; par exemple, pour faire connaître une source de récolte abondante qu'elles ont découverte, pour annoncer l'ennemi qui s'approche de leur ruche et demander du secours. Une mouche qui vole autour de vous pour vous piquer fera entendre un son plus vif que celle qui passe simplement à vos côtés pour aller butiner. A la sortie de l'essaim elles produisent aussi un bruit tout particulier que l'apiculteur un peu exercé sait parfaitement distinguer. Quand une ruche a perdu sa reine, il y a aussi comme des cris de désolation et de désespoir, au milieu d'un mouvement extraordinaire pour la rechercher.

12° *Les abeilles sont-elles susceptibles de s'apprivoiser?*

R. Lorsqu'elles sont à une certaine distance de leur ruche, elles ne cherchent nullement à attaquer ; elles fuient au contraire si elles ont à craindre. On peut donc alors les examiner à son aise et d'aussi près que possible, pour les voir recueillir le miel et le pollen ; il n'y aurait du danger qu'à les toucher et à les presser. Sur les vieilles cires et où on leur laisse amasser ce qui n'a pu être extrait, elles sont aussi douces qu'au milieu de la campagne.

A proximité du rucher, elles s'habituent facilement à voir les personnes, surtout celui ou celle qui les soigne ; elles s'habituent à la couleur de ses vêtements, au point que s'il en porte un jour d'une couleur toute différente de celle des autres jours, elles pourront l'attaquer comme ennemi ou étranger.

Pour les aborder près de leur ruche sans trop de danger, il faut avoir en leur présence un air doux et tranquille, éviter toute démarche rapide ou bruyante, tout geste trop brusque et toute parole aigre et perçante. Si, malgré toutes ces précautions, elles vous abordent avec de mauvaises intentions, ce qu'il est facile de reconnaître avec un peu d'exercice, couvrez-vous la tête de votre mouchoir et encore assez doucement ; baissez-vous un peu et partez sans bruit. Cachez-vous si l'attaque paraissait devenir trop dangereuse et si un certain nombre d'abeilles vous poursuivaient ; ne cherchez pas à lutter ou à vous défendre, vous n'auriez jamais qu'à vous en repentir. Si vous les avez un peu maltraitées un jour, soit pour les chasser, soit pour toute autre cause, défiez-vous-en ce jour-là et même le lendemain ; elles ont bonne mémoire et se souviennent des bons comme des mauvais traitements.

Il y a des personnes qui ne peuvent approcher des abeilles sans être aussitôt attaquées, même à une certaine distance ; ceci est dû sans doute à l'odeur de leur transpiration qui leur est absolument désagréable. Ces personnes ne peuvent posséder des abeilles, à moins d'avoir quelqu'un pour les soigner, ce qui n'est pas toujours facile.

13° Quel remède peut-on employer contre la piqûre des abeilles ?

R. Vous aimez beaucoup vos abeilles, vous les visitez souvent, en ayant soin de ne pas le faire par un temps orageux ou très chaud ; vous êtes habitué à elles et elles le sont à vous. Malgré ces bonnes dispositions réciproques et toutes vos précautions de camail et de fumée, vous serez piqué quelquefois ; vous ressentirez alors une douleur vive qui durera quelques minutes, et à la suite il pourra surgir une enflure plus ou moins considérable. Voici ce que vous avez à faire pour calmer la douleur et empêcher cette enflure au moins en partie : retirez d'abord l'aiguillon et, s'il est possible, sucez la plaie un instant, ou grattez-la avec les ongles après y avoir posé un peu de salive, pour en tirer une partie du venin. Ensuite frottez-la avec du poireau, c'est le meilleur remède, ou de l'alcali, si vous en possédez. Vous pourriez aussi écraser sur la piqûre l'abeille qui vous a piqué. A défaut de ces moyens, frottez avec du persil mélangé de salive, avec de l'absinthe ou de l'alcool, etc. Vous pouvez aussi y passer un peu d'eau fraîche. Si les piqûres sont nombreuses, employez les mêmes remèdes en proportion de leur nombre.

Si un animal a été attaqué et piqué par un certain nombre d'abeilles, bouchonnez-le avec une poignée de paille pour retirer les dards ; arrosez-le d'eau fraîche et posez sur lui une couverture qui en soit fortement imbibée. Vous pouvez continuer à en verser jusqu'à ce que vous remarquiez que la douleur soit à peu près calmée.

TRAVAUX ET SOINS DU MOIS D'OCTOBRE

Continuer et terminer les réunions des ruches faibles et leur nourrissage, s'ils n'avaient pu avoir lieu en septembre ; s'y reporter pour la méthode à employer.

C'est l'époque pour récolter le miel dans certaines localités ; elle peut être bien choisie, puis qu'il n'y a plus de couvain ou qu'il en reste fort peu. Gardez-vous bien d'étouffer vos abeilles ; chassez-les pour les réunir à des ruches voisines ayant assez de place pour les loger ; vous vous en trouverez bien l'année suivante ; elles amasseront plus de miel, vous donneront des essaims plus forts et plus précoces. Ne soyez donc ni ingrat ni cruel.

Vers la fin du mois, fermez vos ruches pour l'hiver, soit avec de petites portes trouées, faites d'un métal quelconque, soit avec de la toile métallique, soit simplement avec une pierre ou des tuiles brisées. Fermez de façon à laisser assez d'espace pour passer les abeilles et leur donner de l'air, mais ne laissez aucune ouverture assez spacieuse pour permettre l'entrée aux souris, mulots et musaraignes.

DEUXIÈME LEÇON. — MOIS DE NOVEMBRE.

LES RUCHES.

1° *Qu'appelle-t-on ruche?*

R. On appelle ruche une sorte de panier ordinairement en forme de cloche, ou de forme carrée, destiné au logement d'une colonie de mouches à miel composée d'un seul essaim ou de plusieurs réunis en un seul. On l'appelle assez souvent panier à mouches, avant qu'on y en ait logé, et panier de mouches quand les abeilles y ont été introduites. On appelle aussi parfois simplement *ruche* la peuplade d'abeilles logées et le panier qui les renferme.

2° *Avec quels matériaux fait-on les ruches?*

R. Les meilleurs sont ceux qui coûtent le moins cher, donnent une ruche assez légère pour être maniée facilement, assez solide pour durer quelques années, assez épaisse ou compacte pour maintenir une chaleur suffisante aux abeilles pendant les froids rigoureux, et les préserver de la funeste influence des chaleurs trop vives de l'été. La paille roulée en boudins assez forts et serrés, renferme ces conditions, ensuite la planche de trois centimètres d'épaisseur.

3° Quelle forme doit-on donner aux ruches et laquelle est préférable?

R. On donne aux ruches une forme ronde ou carrée, avec plus ou moins de hauteur, plus ou moins de largeur. Si vous les faites en planches, vous ne pouvez que leur donner la forme carrée, afin d'éviter des frais de façon trop onéreux, et appliquer par-dessus un couvercle plat que vous y fixez avec pointes, vis ou petits crochets. Vous pouvez néanmoins leur donner la forme octogone (huit côtés ou pans); ce serait plus avantageux pour maintenir la chaleur intérieure, mais aussi un peu plus coûteux. Le couvain réussit mieux et est plus abondant dans la forme ronde que dans la forme carrée.

Si vous faites vos ruches en paille, — ce sont les meilleures, — vous leur donnez nécessairement la forme ronde, avec un dessus un peu bombé de deux à trois centimètres, rarement plus. J'entrerai dans plus de détails en parlant de la manière de les confectionner. Les abeilles travaillent assurément, ou peuvent travailler partout où on les loge; mais néanmoins il y a un choix à faire dans la forme des ruches, pour une exploitation facile et une récolte qui paie surabondamment les soins qu'on y donne et le temps qu'on y emploie.

4° Quelle capacité ou contenance doit-on donner à un panier ou ruche?

R. Cette question est d'une certaine importance pour bien réussir dans l'apiculture, et il faut bien la fixer.

La capacité des paniers doit subir quelques variations, selon la localité plus ou moins riche en fleurs où l'on se trouve. Ne la portez jamais au-dessous de vingt-cinq litres, ni au-dessus de trente-cinq. Plus petite, la ruche ne donnerait que de faibles essaims qui n'amasseraient pas de quoi passer l'hiver, et ce qui resterait d'abeilles dans la ruche-mère n'amasseraient que peu de miel et ne vous produiraient qu'une pauvre récolte. Si votre panier contenait plus de trente-cinq litres, vous auriez peu d'essaims, mais plus de miel ; j'ajoute que, dans ce cas, les ennemis des abeilles, la fausse-teigne surtout, y auraient plus de prise ; la chaleur s'y maintiendrait moins bien en hiver.

Un point bon à observer, c'est que vous ayez une largeur uniforme pour tous vos paniers, afin de pouvoir facilement y adapter parfois une hausse, afin aussi qu'ils puissent s'appliquer régulièrement l'un sur l'autre, quand vous chassez pour essaims artificiels, pour récolter votre miel ou pour faire un mélange par superposition. Ne mettez quelque différence que pour la hauteur.

5° *Y a-t-il plusieurs sortes de ruches pour la forme, et quelles sont les principales ?*

R. La forme des ruches varie beaucoup d'une contrée à l'autre, le nombre en est assez considérable ; je me contenterai de vous parler en détail de quelques-unes, les plus usuelles, les plus faciles à manier, les plus simples et les moins coûteuses.

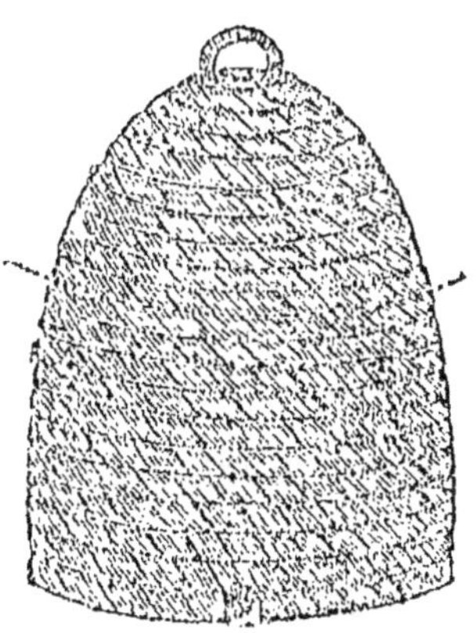

(*Fig. 9*). Ruche vulgaire
en paille.

1° RUCHE COMMUNE. — On comprend sous cette dénomination toutes les ruches en une seule pièce, quels que soient leur forme ou les matériaux qui les composent. Celle en cloche est fort en usage dans toute la France, surtout dans le centre et le nord ; elle est faite ordinairement en paille. Dans le midi, on la fait en planches ou même en liège.

2° RUCHE A CHAPITEAU OU A CALOTTE. — C'est un corps de ruche portant à sa partie supérieure une petite ouverture ronde de 7 à 10 centimètres de largeur ; elle est destinée à recevoir une seconde ruche, d'une

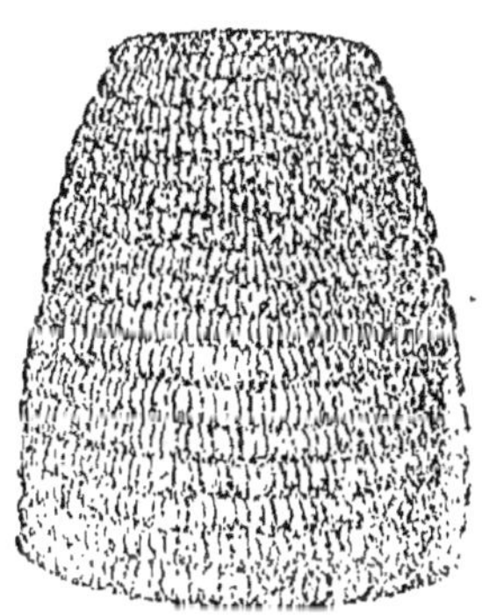

(*Fig. 10.*) Ruche à calotte,
façon des Vosges.

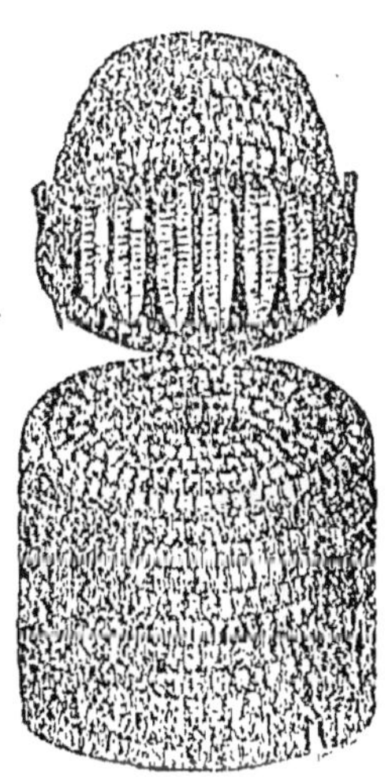

(*Fig. 11.*) Ruche à calotte,
calotte soulevée.

dimension inférieure, en bois, en paille, en vannerie, en terre cuite, en verre même. Cette seconde ruche s'appelle chapiteau, calotte, cabochon, ruchette, etc., selon la contrée. Elle est employée pour récolter du miel de première qualité dans une cire parfaitement blanche où aucun couvain n'a été élevé. On la pose au printemps ou dans le courant de l'été. On verra plus loin la manière de l'employer et les avantages qu'elle rapporte à l'apiculteur.

3° RUCHE A HAUSSES. — On appelle ruche à hausses celle qui est faite de plusieurs étages confectionnés séparément, de même hauteur et largeur, posés les uns sur les autres, attachés ensemble avec clous, chevilles, fils de fer, etc., le tout ne devant composer qu'une seule habitation. C'est, en un mot, une ruche en plusieurs pièces que l'on peut détacher les unes des autres, pour faire une récolte partielle ou un essaim artificiel. Les hausses peuvent être en bois ou en paille, absolument comme pour les autres paniers. Chaque hausse peut avoir un plancher à claire-voie, composé de baguettes plates, larges de trois centimètres et séparées d'un centimètre les unes des autres,

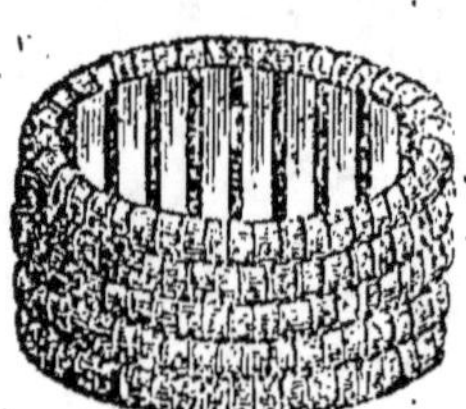

(Fig. 12.)
Hausse en paille.

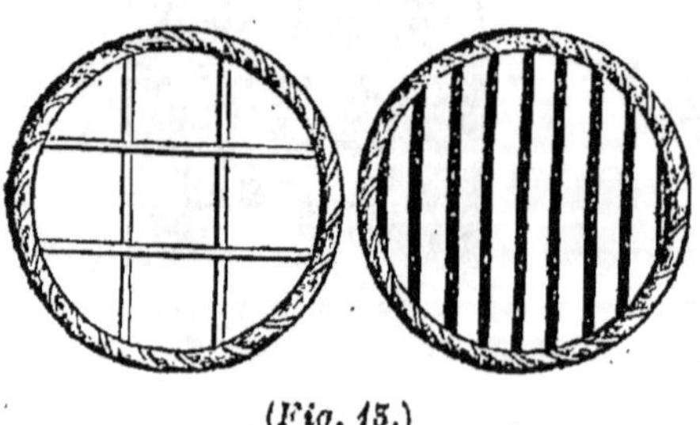

(Fig. 13.)
Plancher élémentaire.   Plancher à claire-voie.

pour donner passage aux abeilles. Un couvercle plat
est posé dessus et attaché à la hausse supérieure par
les moyens déjà cités. Chaque hausse doit avoir une

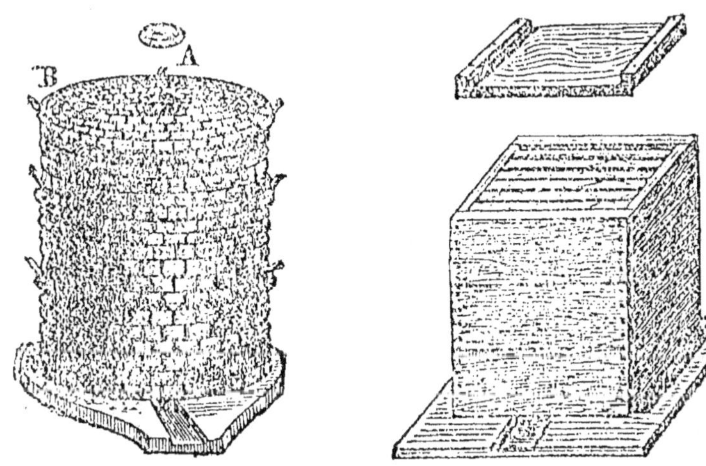

(*Fig. 14.*)
Ruche à trois hausses en paille.

(*Fig. 15.*)
Ruche à trois hausses en bois.

élévation de dix à quinze centimètres, jamais plus. Pour
en composer une ruche, on en prend deux ou trois, ou
même quatre, selon leur hauteur, la quantité de fleurs
des environs et l'année plus ou moins favorable. De ces
trois sortes de ruches, je donne la préférence à la ruche
à calotte.

4° RUCHE D'OBSERVATION. — Quoique peu d'apiculteurs parmi les cultivateurs et ouvriers de la campagne
puissent se donner le loisir d'observer en détail les
travaux des abeilles, je dirai cependant un mot de
la ruche dite d'observation, à l'intention des quelques
rentiers ou bourgeois, des curés et des instituteurs
qui voudraient s'en procurer une ou deux. Voici
comment on pourra la construire : elle sera en

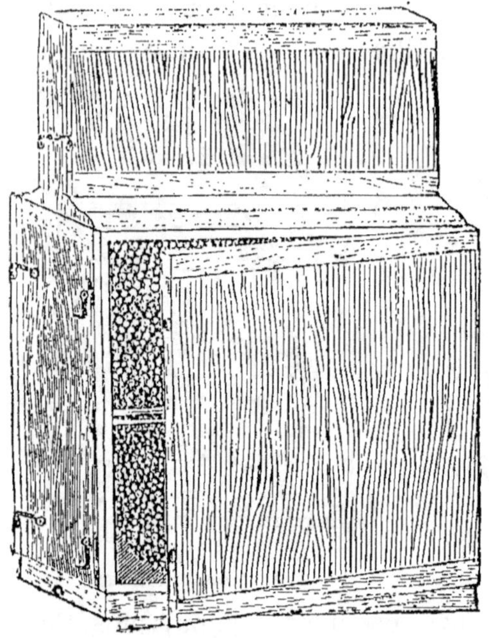

(*Fig. 16.*) Ruche d'observation.

planche de sapin ou de peuplier, de trois centimètres d'épaisseur, avec les dimensions de la ruche commune; sur trois de ses côtés vous laisserez une ouverture assez spacieuse pour ne pas nuire à la solidité. Il y aura en dehors et en dedans des entailles, comme pour poser des vitres. Vous mettrez une vitre en dedans ; en dehors vous fermerez chaque ouverture avec un volet en planche de deux centimètres d'épaisseur ; ces volets s'emboîteront dans l'entaille extérieure et s'ouvriront avec charnières ; un crochet les tiendra fermés. Le côté en planche pleine sera toujours celui où devra se trouver l'entrée des abeilles. Vous lui donnerez un couvercle plat dans lequel vous feriez bien de pratiquer une ouverture ronde ou carrée, pour placer une calotte en verre ou autre matière, si vous le jugiez à propos. Au-dessus de ce couvercle vous en ferez un autre en deux pans inclinés, pour servir de couverture ;

il fera saillie en dehors de tous côtés. Dans le cas où vous placeriez une calotte, vous couvririez le tout d'un capuchon en paille, disposé de telle sorte que vous puissiez faire les observations. Vous lui donnerez une bonne couche de peinture à l'huile pour la préserver des funestes effets de la pluie et des temps trop frais.

Vous placerez votre ruche de façon à la garantir un peu des rayons trop ardents du soleil, et à pouvoir y regarder ou la montrer à d'autres en toute sûreté, sans irriter les travailleuses et sans vous exposer aux suites de leur colère.

5° RUCHE A DIVISION VERTICALE. — Elle se fait en bois, avec forme carrée : elle est composée de deux pièces égales se séparant ou se réunissant par le milieu. Bien examiner la figure qui la représente. Elle est très-commode pour récolter le miel et faire des essaims artificiels. A son intérieur elle peut avoir 35 centimètres de hauteur sur 30 de largeur et autant de profondeur. Les deux parties

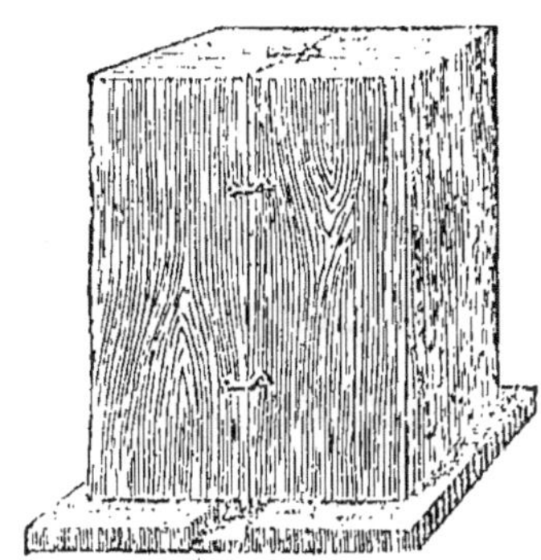

(*Fig. 17*). Ruche Gélieu, à divisions verticales.

peuvent se raccorder par une gravure large dans l'une et un filet plus mince dans l'autre. Elles sont maintenues au moyen de crochets en fer. A l'intérieur, sur le fond supérieur, on attache des barrettes en bois dont les bouts vont d'arrière vers l'entrée, et les abeilles y attachent leurs rayons ; elles doivent avoir une forme

tant soit peu triangulaire. On la pose sur un tablier
en planche de dimension suffisante ; l'entrée y est en-
taillée et on pose au-dessous un mentonnet de dix centimètres environ en avant. Cette ruche est d'un transport facile pour l'apiculture pastorale ; il suffirait d'y
adapter des bretelles pour aller la placer à la portée des
fleurs mellifères.

6° RUCHE A CADRES MOBILES. — Cette ruche est faite
en planches (bois blanc) de deux et demi à trois centimètres d'épaisseur ; elle est de forme carrée, ayant à
l'intérieur 30 centimètres de hauteur, 30 de largeur et
32 de profondeur (d'arrière en avant). Dans ces dimensions elle contiendra environ 29 litres, et on pourra y
placer dans sa profondeur huit cadres de 4 centimètres
chacun. On pourrait lui donner un peu plus de hauteur,
de façon à produire un espace intérieur de 35 à 36
litres. Le couvercle doit être mobile, c'est-à-dire n'être
attaché qu'au moyen de quatre crochets posés à vis
sur deux côtés opposés et le retenant par des pitons
qui y seraient adaptés. Les cadres seront faits d'une
barre transversale de forme triangulaire, avec deux
autres baguettes plates descendant jusqu'au bas de la
ruche. Ils reposeront sur le haut dans des entailles
d'un centimètre, faites sur les côtés d'arrière et d'avant,
à une profondeur égale à l'épaisseur de la planchette
triangulaire. Les baguettes descendantes doivent être
réunies à leur extrémité inférieure par une autre petite
baguette ronde, pour maintenir un écartement uniforme.

Cette ruche peut procurer beaucoup plus d'agréments
que d'avantages réels. On l'a beaucoup vantée pour ses

produits en miel ; mais on oublie à dessein de dire qu'elle coûte huit à dix fois plus que la ruche vulgaire, ou que la ruche à calotte et à hausses. On oublie aussi de dire que, au témoignage même de ses partisans, sa conduite exige une intelligence supérieure, une connaissance approfondie de l'abeille et de ses mœurs, une grande adresse des mains, de la patience et du temps dont ne peuvent pas toujours disposer les habitants de la campagne. Sur cinquante apiculteurs, il s'en trouvera à peine cinq ou six qui réuniront les conditions nécessaires et la bonne volonté pour acquérir et conduire des ruches à cadres mobiles. Cette ruche est excellente pour les amateurs qui désirent faire de l'apiculture afin de se distraire et de passer agréablement leur temps ; mais elle paraît défectueuse pour ceux qui n'ont à lui consacrer qu'un temps insuffisant. Pour le grand nombre des modestes apiculteurs de la campagne, il y a à faire des avances par trop dispendieuses auxquelles ils ne se résoudront jamais.

Cette ruche est aussi fort lourde, et il est difficile d'y introduire un essaim naturel, même placé dans les conditions les plus faciles pour être recueilli. En hiver la chaleur ne se conserve pas aussi bien dans la pelote des abeilles, et en été elle est plus exposée aux atteintes des maladies qui peuvent nuire aux abeilles.

6° Comment doit-on confectionner les ruches?

R. 1° On peut soi-même construire la ruche en bois, si l'on a quelque peu de connaissances en menuiserie et des outils ; mais en général il est préférable de

s'adresser à un menuisier, qui saura mieux que vous
polir et bien ajuster les planches, soit des ruches en
une pièce, soit des hausses ; il suffira de lui bien donner vos dimensions intérieures, tant en hauteur que
pour les deux largeurs, afin de lui faire contenir le
nombre de litres que vous désirez. Faites aussi pratiquer une ouverture dans le haut, si vous voulez y poser
une calotte ; 2° Quant aux ruches en osier, le mieux
serait d'user celles qui vous restent et de n'en pas
acheter de nouvelles ; cependant, c'est affaire de goût
et de volonté ; 3° La confection des ruches en paille
est assez facile, et chacun peut les faire soi-même, ce
qui sera une économie. Voici à peu près comment il
faudra procéder : vous prendrez de la bonne paille de
seigle dont vous enlèverez les épis ; ensuite vous la
passerez quelques minutes dans l'eau.

*7° Comment faut-il procéder et quelle matière faut-il
employer pour coudre les cordons ?*

R. Vous prenez de la bonne ficelle que vous cirez
fortement, ou de l'osier fendu en trois, dont vous enlevez le cœur avec un peu de son bois, ou de la tille (fil
du tilleul), ou du coudrier réduit en lamelles très
flexibles, etc. ; quelques fabricants employent aujour-
d'hui le fil de fer. Pour la couture vous passerez les
fils du dedans au dehors, ou, si vous l'aimez mieux, du
dehors au dedans, en piquant le cordon inférieur au
tiers environ, et de façon que chaque nouvelle ligature
se croise avec celle de dessous. Pour passer les fils,
vous piquez dans la paille avec une cheville plate de

bois dur, avec un poinçon quelconque, en fer ou acier, percé d'un trou allongé un peu au-dessous de sa pointe.

8° Comment faut-il commencer les ruches ?

R. S'il s'agit de ruches communes, vous les commencez de manière à laisser seulement une ouverture suffisante pour passer une poignée de bois, si vous

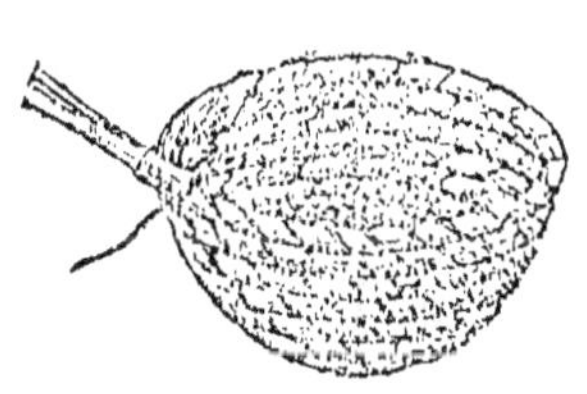

(Fig. 18.)

Calotte commencée.　　　　　Moule Lombard.

voulez la monter ainsi. Vous fermez entièrement, si vous ne voulez pas de cette poignée et si vous préférez un fort cordon en tresse ou en toute autre matière formant anse de panier.

S'il s'agit de ruches à calottes, vous les commencez sur une roulette large de sept à dix centimètres ; près des bords de cette roulette, sont percés trois ou quatre petits trous à la vrille, pour pouvoir bien y fixer le premier cordon au moyen de bouts de ficelle ; et au milieu, il y en a un plus large pour pouvoir y adapter une poignée ou même y passer le doigt afin de la retirer. Pour incliner les cordons dans un sens ou dans un autre, vous percez le précédent en inclinant de ce même côté. Vous faites les bouchons des ruches à calotte soit en bois, soit en paille avec cordons cousus, de la dimension exacte des ouvertures. Après les avoir posés, appuyés sur la traverse dont je parlerai plus loin, vous es fixerez avec deux ou trois pointes enfoncées dans le premier cordon de la ruche, et vous fermerez avec soin toute ouverture avec du pourget ou une terre grasse quelconque, pour empêcher la fausse-teigne de pénétrer ou d'infiltrer ses œufs.

9° *Comment fabrique-t-on les hausses?*

R. Les hausses en bois se font comme les ruches de la même matière, d'une hauteur variable de dix à quinze centimètres, d'une largeur bien fixe de trente-trois à trente-cinq centimètres dans l'intérieur, l'épaisseur des planches étant exactement de trois centimètres. Les hausses en paille, pour maintenir l'uniformité dans leur largeur, se commencent sur une planche ronde ayant la mesure que vous destinez à leur intérieur, c'est-à-dire toujours trente-trois à trente-cinq centimètres. Vous attachez le premier cordon sur votre planche, au moyen de ficelles qui passent dans des trous préparés sur le bord à cette intention, et vous continuez les autres cordons sur le premier, en maintenant une largeur bien uniforme ; pour vous en assurer, mesurez de temps en temps sur votre planche ronde, qui est réellement votre moule. Dès que vous avez atteint la hauteur voulue, vous terminez comme pour une ruche ordinaire. Les couvercles sont plats, de même matière, même façon et même dimension que les hausses, avec ouverture au milieu si vous voulez poser une calotte par-dessus lorsque l'année est fort miel-leuse.

Les couvercles et les hausses s'attachent avec des

fils de fer assez forts, pliés aux deux bouts aiguisés, et
s'enfoncent dans chaque hausse au point de leur jonc-
tion, ou avec des vis, clous, crochets que vous réunissez par un fil de fer mince et très flexible. Ce dernier
moyen doit toujours s'employer pour les ruches à
hausses en bois.

Les calottes ou chapiteaux en paille se font absolument comme les ruches, mais avec des dimensions très
variées, soit pour la hauteur, soit pour la largeur, qui
doivent toujours être moindres que celles de la ruche
elle-même. Il en est de même pour les calottes en bois,
vannerie, etc.

10° *Comment faut-il pratiquer l'entrée des ruches?*

R. Autant que possible, ne taillez pas l'entrée dans
la ruche même, mais dans la tablette, en y faisant une
échancrure d'un centimètre et demi de hauteur et de
six à sept de largeur. Si la tablette n'est pas épaisse,
pratiquez l'échancrure dans toute son épaisseur, avec
un enfoncement de huit à dix centimètres vers le centre,
et clouez par-dessous une planchette mince, s'avançant
un peu sur le devant pour recevoir les abeilles à leur
rentrée. Si vous la taillez dans la ruche, donnez la
même largeur et la même hauteur que ci-dessus.

11° *Comment se fait et se pose la poignée des ruches
communes?*

R. La poignée se fait en bois blanc assez dur,
ronde et polie, d'une longueur qui dépasse le haut de
la ruche d'environ 12 centimètres, et qui entre dans
l'intérieur jusque vers le milieu. Pour qu'elle ne varie

pas dans la ruche, vous la fixez au dehors et au dedans avec une où deux grosses pointes ou deux chevilles en bois de chêne. Dans le bas vous ménagez un trou pour y passer la traverse que vous poserez à l'intérieur, et qui s'enfoncera dans les parois pour sortir d'un centimètre environ à l'extérieur.

Au lieu d'une poignée en bois, vous pouvez, en fermant entièrement le haut de la ruche, y poser une anse en grosse tresse, comme il a déjà été dit. Quand les bouts de cette tresse, que vous avez passés au dedans d'abord, sont repassés au dehors au travers d'un cordon voisin, tortillez-les, et, rejoignant les deux bouts, cousez-les ensemble. Cette anse doit toujours être employée pour les ruches à hausses et à calotte en paille, en la posant comme il vient d'être dit. Pour les ruches à hausses en bois, on peut la remplacer par une lanière en cuir. Cette anse doit, en tous cas, être assez flexible pour pouvoir être baissée par côté sur la ruche, et être attachée quand vous devez poser une calotte ou chapiteau.

12° Comment faut-il poser les traverses en bois dans les ruches?

R. Il y a deux sortes de traverses à poser dans chaque ruche, l'une en haut et l'autre vers le milieu. La première doit être taillée en biseau, c'est-à-dire à trois faces à peu près égales, un peu en dôme d'un côté, pour bien s'adapter à la forme de la ruche. Vous l'y attachez par les deux bouts avec un fil de fer qui sort par-dessus, et où vous le pliez et tournez pour la solidité. Cette traverse est destinée à fixer le premier rayon de cire qui devra donner la direction à tous les autres. L'un de ses bouts doit être tourné vers l'entrée de la ruche, quand elle est taillée dans la ruche elle-même. Si l'entrée est pratiquée dans la tablette, vos fils de fer, qui sortent au-dessus de la ruche, vous feront connaître où posent les bouts de cette traverse et vous indiqueront en quel sens vous devez la poser sur son plateau. Cette traverse est de même forme pour les ruches communes et les ruches à calotte ; seulement, pour ces dernières, elle est placée au milieu de l'ouverture et sert, dans ce cas, à soutenir le bouchon que vous y posez.

Vers le milieu de la ruche vous fixez une seconde traverse, une seule, en bois de coudrier ou de saule, un peu aplatie ; elle sortira en dehors d'un demi-centimètre sur chaque côté, et sera posée de façon qu'elle fasse croix avec celle du haut. On est assuré qu'elle traversera et soutiendra tous les rayons, et il n'y aura pas l'embarras de deux traverses à la même hauteur.

13° Quelle sorte de boiserie faut-il établir dans les hausses ?

R. Vous pourriez, à la rigueur, ne pas établir de boiserie dans les hausses, ou vous contenter d'y piquer quelques baguettes ; mais alors, pour les lever et les séparer l'une de l'autre, il vous faudrait couper les rayons au moyen d'un fil de fer, ce qui ferait couler le miel, périr quelques abeilles et la mère peut-être. Il vaut donc bien mieux attacher au bout supérieur de

chaque hausse des boiseries formées de planchettes
très minces, larges de trois centimètres, et séparées les
unes des autres par un espace d'un centimètre, dimension qu'observent les abeilles entre les rayons du centre.
Par ce moyen, les rayons d'une hausse sont parfaitement séparés et détachés de ceux de la hausse supérieure
ou inférieure. Vous attachez ces planchettes en les enfonçant par force dans le premier cordon, ou de toute
autre manière que vous pourrez imaginer. Vous pourriez ne pas faire traverser les deux planchettes du
milieu, ne poser que des bouts qui seraient soutenus
par une seconde traverse placée en croix sur les autres ;
par ce moyen vous auriez un trou carré dans le milieu
de la boiserie, et les abeilles descendraient plus vite
leurs rayons d'une hausse à l'autre. Dans la hausse
supérieure vous ne réserveriez pas cette ouverture, et
vous poseriez dans le milieu au moins une planchette
avec la taille en biseau, pour forcer les abeilles à bien
donner à leurs rayons la même direction que celle des
planchettes.

Vous placerez les hausses les unes sur les autres,
de façon que les planches soient toutes dans le même
sens, avec un de leurs bouts tourné vers l'entrée de la
ruche. Pour bien reconnaître cette direction, vous tra-
cerez un signe quelconque sur l'extérieur de chaque
ruche, par exemple un trait de couleur rouge ou noire.

14° Comment faut-il confectionner les tablettes ?

R. Les tablettes, tabliers ou plateaux doivent être
faits en planches de bois blanc de trois centimètres

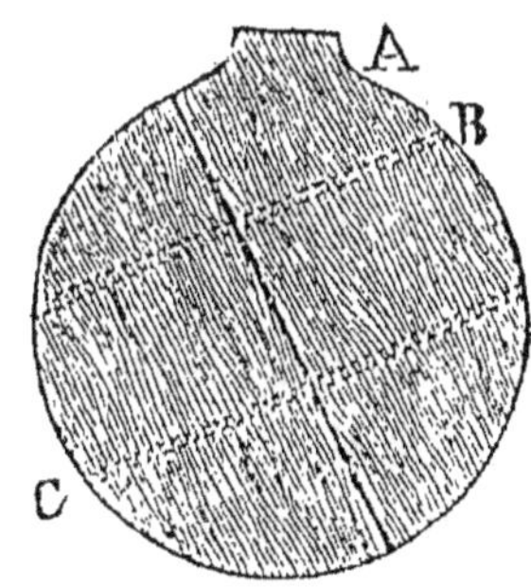
(*Fig. 19.*) Tablier circulaire.

d'épaisseur environ, unies ensemble par des traverses B C solidement clouées en dessous. Il faut en polir ou raboter le dessus. Leur forme doit être ronde ou au moins octogone (huit côtés), et de deux ou trois centimètres seulement plus larges que les ruches. L'entrée des abeilles, comme il a déjà été dit, peut être taillée dans le plateau, et c'est toujours le mieux. A cette entrée il doit y avoir comme une espèce de menton A, qui s'avance un peu au dehors de la ruche, de sept à huit centimètres, afin de faciliter la sortie et la rentrée des abeilles qui s'y posent.

15° *Qu'appelle-t-on* POURGET *et quand faut-il l'employer?*

R. Le pourget est une espèce de mortier composé de terre grasse, d'un peu de cendres et de bouse de vache. Il doit être assez délayé pour s'employer facilement. Il sert d'abord à recouvrir les ruches en osier, si l'on en emploie encore, et à réparer les brèches de celles qui ont déjà servi, à fermer les ouvertures qui se trouveraient entre les hausses des ruches, entre le couvercle et la hausse supérieure, ou aux environs du bouchon des ruches à calotte. Il sert aussi à fermer, surtout pour l'hiver, les ouvertures trop spacieuses qui pourraient se trouver entre la ruche et sa tablette.

SOINS ET TRAVAUX DU MOIS DE NOVEMBRE.

Enlever les calottes, s'il en reste encore ; fermer complètement les ouvertures supérieures et le bas des ruches qui ne poseraient pas d'aplomb sur les plateaux. Bien examiner si les surtouts ou paillassons seront assez épais pour l'hiver et s'ils débordent un peu la tablette, en dessous, de trois ou quatre centimètres pour le moins. Fermer l'entrée des ruches, comme il a été dit en octobre, si l'on n'a pas jugé bon de le faire plus tôt.

Les ruches faibles en nourriture, et même en population, pourraient être rentrées dans des celliers secs, un peu chauds et toujours obscurs. Gardez-vous bien de les enterrer, comme le font certains apiculteurs : cette méthode est souvent fatale aux abeilles, nuisible à la cire, et vous pourriez subir des pertes regrettables.

Le meilleur emplacement pour les bons paniers est de les laisser dans le rucher, où ils ont toujours un air aussi nécessaire aux abeilles qu'à tout ce qui respire.

TROISIÈME LEÇON. — MOIS DE DÉCEMBRE.

RUCHER.

————

1° Qu'appelle-t-on rucher?

R. On appelle rucher ou abeiller le lieu où l'on place plusieurs ruches ou paniers de mouches, à peu de distance les uns des autres. On distingue le rucher couvert et le rucher en plein air. Je parlerai de l'un et de l'autre séparément, et je démontrerai quels sont leurs avantages et leurs inconvénients.

2° Quel emplacement doit-on choisir pour son rucher, et quel est celui que l'on doit éviter?

R. On doit choisir un terrain généralement sec, bien aéré, détruire autour ce qui pourrait gêner le vol des abeilles ou servir de refuge à quelques-uns de leurs ennemis. Sur un terrain en pente, elles sont très-bien à mi-côte.

Il faut bien se garder d'établir son rucher dans des terrains bas, humides, trop près des ruisseaux, rivières, étangs, etc.; les mouches, par les rafales de vent pourraient être jetées dans l'eau et ne s'en relèveraient jamais. L'humidité de ces emplacements peut faire moisir les rayons, vicier l'air de la ruche et nuire aux abeilles elles-mêmes, qui en contracteraient quelques maladies. Le sort de votre rucher et les bénéfices que vous voulez en retirer dépendent donc quelque peu de la place que vous lui donnez.

Il faut éviter aussi d'établir votre abeiller près des grandes voies publiques, des passages fréquentés par des personnes ou par des animaux domestiques, au centre des grandes villes, près des bâtiments fort élevés, des usines produisant une fumée noire et de mauvaise odeur, qui ne manquerait pas de tourmenter vos abeilles. Ne l'établissez pas non plus dans les basses-cours où les volailles pourraient les déranger, ce qu'elles n'aiment pas, surtout en belle saison.

On doit aussi le placer de façon à être à l'abri des vents violents, des pluies abondantes ; des haies bien fournies, des murs ou bâtiments peu élevés peuvent les en préserver. Les vents froids du nord ou du levant sont aussi nuisibles aux abeilles, surtout en hiver ; veillez donc à les en prémunir autant que possible.

Dans votre intérêt, et pour vous procurer une abondante récolte, il faut bien examiner si la contrée que vous habitez produit des fleurs en grande quantité, à quelle distance elles se trouvent, quels sont les plantations, les pâturages, les prairies naturelles ou artificielles, les divers ensemencements de votre voisinage. La proximité des fleurs, leur abondance, voilà ce qu'il faut considérer pour s'assurer un merveilleux succès en apiculture.

3° Comment doit-on orienter son rucher, ou de quel côté faut-il le tourner?

Dans les climats absolument chauds, comme l'Algérie et autres contrées, on peut, on doit même tourner son rucher vers le nord et lui ménager un certain ombrage ; cette position est des plus favorables pour préserver les ruches des ardeurs du soleil, de ces chaleurs étouffantes qui peuvent nuire considérablement aux produits amassés.

Dans les pays plus tempérés, il faut, au contraire, éviter la direction du nord, très souvent celles du couchant et du midi, s'il est possible. La meilleure position est de tourner vos ruches ou votre rucher entre le levant et le midi, de façon qu'elles aient le soleil en face sur les dix heures. Ainsi placées, elles sont abritées contre les orages, les pluies, les vents violents et même les rayons brûlants du soleil, de midi à deux heures. Il est vrai qu'on ne dispose pas toujours de son terrain et de son emplacement comme on le voudrait. Je recommande ici ce qu'il y a de plus avantageux ; si vous ne pouvez y arriver parfaitement, rapprochez-vous en le plus qu'il vous sera possible.

Il faut éviter de semer près du rucher des plantes ou légumes à hautes tiges, d'y planter des arbres qui gêneraient la volée des abeilles. A un mètre de distance en avant, il serait bon de ne laisser aucune herbe et d'y jeter une couche de gravier assez épaisse pour l'empêcher de pousser. Dans les jours un peu sombres du printemps et de l'automne, les mouches, en s'abattant sur l'herbe, s'y refroidissent et s'y engourdissent bien plus tôt que sur une grève sèche, et ne peuvent rentrer dans leur habitation. A douze ou quinze mètres en avant de vos ruches, sur les côtés et en arrière à moindre distance, il faut planter des arbres de basse taille et des arbustes, comme pruniers, pommiers, cerisiers nains, groseilliers, abricotiers, pêchers ou autres, selon la contrée, pour recevoir les essaims qui s'y posent volontiers et qu'on y recueille facilement. N'y plantez pas de ces arbres qui s'élèvent trop haut, ou bien empêchez-les de s'élever ; un essaim arrêté à une hauteur considérable offre toujours des difficultés pour le prendre.

Evitez aussi de laisser près des ruches des débris de cire qui pourraient attirer la fausse-teigne et en propager l'espèce à votre grand détriment.

4° Qu'appelle-t-on rucher couvert ?

R. Le rucher couvert est un bâtiment destiné à loger les paniers de mouches et à les abriter de tout contre-temps. Sa largeur doit être d'environ 1^m 50^c et sa lon-

(Fig. 20). Rucher couvert.

gueur en proportion du nombre de ruches qu'on veut y caser. Il peut être à un ou deux rangs. Le premier doit être élevé de terre de 20 à 40 centimètres, et le deuxième commence à un mètre au-dessus du premier ; du second au toit, il y a la même hauteur. Avec ces dimensions on peut facilement placer une calotte sur une ruche, ou une seconde ruche sur une autre.

5° *Comment faut-il construire un rucher couvert?*

R. On peut le varier beaucoup dans ses formes extérieures, selon le goût du propriétaire et le lieu qu'il doit occuper dans un jardin plus ou moins agreste. Vous ferez les angles en bois solide, ainsi que les poutres traversières ; vous fermerez les extrémités et le derrière en planches ou en roseaux, en paille ou en maçonnerie de briques ou de carreaux de terre. La toiture sera en paille, roseaux, tuiles et jamais en ardoises, qui dégagent trop de chaleur à l'intérieur du bâtiment. La porte sera fixée à l'endroit le plus facile pour y pénétrer, dans la supposition que vous fermiez partout ; une ou deux petites fenêtres vous donneront le jour nécessaire. Sur la devanture, à l'intérieur, vous disposerez quatre forts chevrons où vous poserez les tablettes destinées à recevoir vos ruches. Vous pratiquerez en face de chacune, dans un rucher fermé en avant, une ouverture de vingt centimètres carrés, en ayant soin d'y placer une planchette correspondant au dehors, sur laquelle les abeilles puissent se poser à leur sortie et à leur rentrée.

On peut faire des ruchers plus simples, comme aussi on peut en faire de plus brillants et de plus coûteux ;

c'est à la volonté de chacun. Sur la façade, quand elle est fermée, on peut faire grimper de la vigne, du lierre ou d'autres plantes, mais à la condition de détourner, quand il en sera nécessaire, les tiges ou les feuilles de l'entrée des paniers. S'il y avait rapprochement et trop d'uniformité à l'entrée de chaque ruche, on devra, autour de cette entrée, tracer un signe différent, surtout pour les jeunes reines qui pourraient, au jour de leur fécondation, faute de cette marque spéciale, se jeter dans une autre ruche, s'y faire tuer et laisser orphelines celles où elles auraient dû rentrer.

On peut aussi, par imitation d'un rucher couvert, placer des paniers sur des galeries du premier étage, sous un avant-toit un peu allongé, dans un grenier ou même dans des appartements où l'on pratique les ouvertures nécessaires.

6° Qu'appelle-t-on rucher en plein air ?

R. Le rucher en plein air est simplement une place convenable où vous posez vos ruches sur une tablette mise à terre ou peu élevée, sans autre abri qu'un sur-

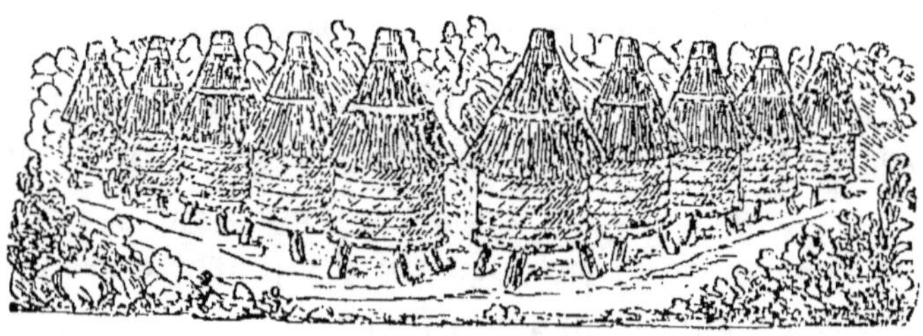

(*Fig. 21.*) Rucher en plein air.

tout ou paillasson arrondi, rangé sur chacune d'elles pour les préserver de la pluie et des ardeurs du soleil. Il est de votre intérêt cependant que vous placiez vos ruches derrière une haie, un mur ou au bas d'un talus, pour les garantir des vents trop froids. Si c'est près d'un mur, mettez-les à une distance d'au moins un mètre.

Il y a plusieurs méthodes pour établir ce rucher; voici les principales :

Si votre terrain est sec et un peu élevé, vous pouvez poser vos tablettes sur terre, à moins que vous n'ayez à craindre les crapauds, les grenouilles et autres ennemis du même genre. Si vous le préférez, mettez par-dessous des pierres plates, des briques ou même des chantiers qui vous donnent une élévation de vingt à vingt-cinq centimètres et quelquefois davantage, ce qui devient nécessaire, si votre terrain est un peu frais. Vous pouvez encore enfoncer en terre, pour chaque ruche, trois piquets sur lesquels sera posée la tablette. Vous baisserez de un à deux centimètres celui qui sera en avant de la ruche, la hauteur est à votre volonté ; n'en donnez pas trop cependant, par crainte des vents qui culbuteraient vos paniers à votre détriment.

Si vous établissez plusieurs rangs de ruches les uns devant les autres, faites en sorte que celles du second rang soient un peu plus élevées que les autres ; formez par des talus des gradins convenables. Placez alors vos ruches en quinconce, c'est-à-dire qu'au second rang chaque panier soit mis en face du vide laissé entre les deux qui sont en avant ou en arrière. Ménagez aussi une distance d'environ cinquante à soixante centimètres

(Fig. 22). Ruches en plein air, dispositions en quinconce.

entre chaque panier, pour faciliter certaines opérations, comme les essaims artificiels faits avec une seule ruche.

7° *Comment fabrique-t-on les surtouts?*

R. La meilleure paille, celle qui se conserve le plus longtemps, est la paille de seigle. Vous en réunissez une petite botte que vous liez fortement, un peu au-dessous des épis, avec une forte ficelle, ou du fil de fer, ou toute autre bonne ligature. Vous serrez le plus possible, en vous aidant du pied s'il le faut. Vous pouvez lier plus bas encore, si votre paille est longue, et ra-battre ensuite les épis sur le tout, en les y fixant avec une seconde ficelle ; cette forme est adoptée par plusieurs. Pour placer votre paillasson, vous l'ouvrez dans le milieu et vous l'affublez sur la ruche, en étendant ensuite les pailles de façon qu'il y en ait partout une même épaisseur. Vous l'entourez d'un cercle ou de tout autre cordon, que vous amenez au quart de la hauteur pour serrer le surtout contre la ruche. Il est bon que la paille descende un peu plus bas que la tablette et la recouvre de tous côtés pour la préserver aussi de la pluie. Vous la coupez en face de l'entrée des abeilles.

On peut placer par-dessus un pot à fleurs renversé et

(*Fig. 25*). Ruches garnies de leur surtout.

fermé d'un bouchon ; c'est une garantie contre la pourriture.

Il y a peu de frais à faire pour cette sorte de rucher,
mais il demande un peu plus de soins et d'attention de
la part de l'apiculteur, surtout à l'époque des orages
accompagnés de vents violents.

Le rucher en plein air s'établit quelquefois, pour une
partie de l'année, dans la campagne, loin de toute habitation ; c'est ce qu'on appelle l'apiculture champêtre
ou pastorale. Vous choisissez un emplacement près
d'un lieu garni de fleurs abondantes à une certaine
saison, en vous conformant autant que possible à ce
qui a été dit plus haut, c'est-à-dire à l'abri d'une haie,
d'un bois, d'un talus. Ici le point difficile est d'y conduire les ruches.

8° *Comment faut-il s'y prendre pour conduire les*
ruches en plein champ ?

R. Je vous dirai d'abord qu'il ne faut jamais emmener les essaims, parce que leurs rayons sont trop peu solides et seraient certainement détachés pendant le voyage, ce qui causerait souvent une perte irréparable. Pour déplacer un essaim, c'est le soir même du jour où il a été recueilli, ou bien, après un temps assez long, si sa ruche était remplie de cire, seul cas où elle pourrait avoir assez de consistance pour ne pas tomber. Quant aux autres ruches, voici comment vous devez ou pouvez opérer :

En été, il faudra toujours les conduire la nuit. En hiver, quand vous voulez les ramener ou changer de place votre rucher, en un mot charroyer des ruches d'une commune à une autre, vous pouvez les emmener en plein jour. En toute saison il vous faudra prendre des précautions minutieuses pour ne pas vous exposer à des accidents ou à des pertes parfois bien pénibles.

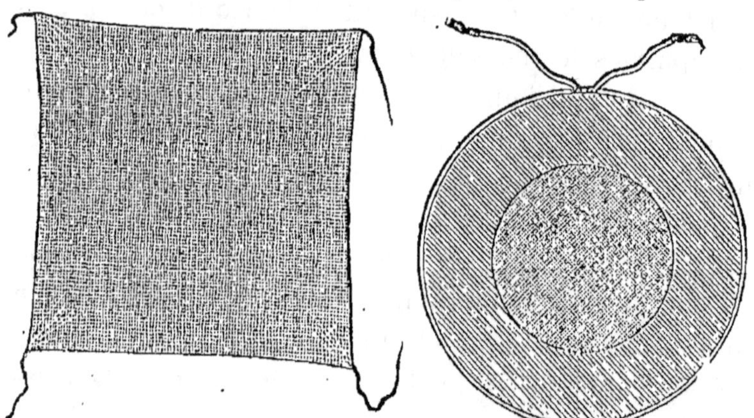

(*Fig. 24.*) Toiles à transporter les ruches. (*Fig. 25.*)

Dès la veille, et assez matin, après avoir un peu enfumé chaque ruche destinée au transport, vous mettez par-dessous une toile assez claire pour laisser de l'air aux mouches. Dans le milieu de ces toiles, si elles ne devaient vous servir qu'en ces circonstances, vous pourriez enlever un morceau rond ou carré, de quinze à vingt centimètres, et le remplacer par une pièce de toile métallique un peu plus spacieuse, pour pouvoir la fixer au moyen d'une couture. Le soir, dès que les abeilles sont rentrées, vous soulevez contre la ruche les bords de votre étoffe et vous l'arrêtez avec une forte ficelle nouée et moyennement serrée. Ensuite vous prenez un bâtonnet long de dix-huit centimètres, vous l'enfoncez jusqu'à moitié entre la ruche et la ficelle et vous le tournez ensuite pour serrer aussi fortement que possible. Quand vous reconnaissez que le tout est bien consolidé, vous assurez votre bâtonnet avec une courte ligature pour qu'il ne se détourne pas.

Si vos ruches sont peu nombreuses, vous pouvez les transporter sur une hotte ordinaire ou à crochets, en les tournant l'ouverture en haut, ou sur une civière qui pourra en contenir trois ou quatre, ou à dos d'âne. Je suppose ici que vous ne les conduisez qu'à peu de kilomètres. Mais si vos ruches sont en grand nombre, ou si vous devez les emmener fort loin, il faudra nécessairement une longue voiture ou un charriot, sur le fond duquel vous étendrez de petites bottes de paille ou de roseaux. Il devra être garni de deux grandes ridelles. Vous y poserez vos ruches sur deux rangs, les unes contre les autres, et entre chacune d'elles vous placerez les surtouts en les serrant un peu. S'il vous reste encore des ruches, et ce devront être les plus légères, vous les mettrez, l'ouverture en haut, entre les deux rangs, avec

assez de paille de chaque côté pour éviter toutes déchi-
rures, que causeraient nécessairement les froissements
continuels produits par le balancement.

Je vous recommande ici une précaution bien essen-
tielle, c'est de vous assurer, avant d'envelopper vos
ruches, où posent les côtés des rayons. Vous y faites
une marque extérieure quelconque, et en les plaçant
sur la voiture, vous les tournez de façon que les bouts
des gâteaux soient du côté des roues. Au moyen de cette
mesure, le balancement de la voiture ne peut nuire ou
ne nuit que bien peu aux rayons et aux abeilles.

Lorsqu'en été vous êtes obligé de marcher un peu
pendant le jour, écoutez bien si quelques ruches ne se
mettent pas en état de bruissement assez violent ; ce
serait dangereux, et il faudrait arrêter quelques instants, dételer le cheval, que vous conduirez à quelque
distance, et donner de l'air à cette ruche, au risque de
perdre quelques abeilles. N'oubliez pas votre camail
pour cette circonstance, il vous sera nécessaire aussi
pour le moment où vous délierez vos ruches.

En arrivant à destination, placez-les de suite sur le
lieu qu'elles doivent occuper et sur leurs tablettes
tournées à l'envers. Après une heure environ de repos,
déliez-les pour laisser sortir les mouches, sans toutefois
enlever votre toile ; placez vos paillassons par-dessus,
avant même de délier, afin que les abeilles reconnaissent mieux leur ruche ; attendez une heure encore avant
d'enlever les toiles et de retourner les tablettes. Ensuite
vous posez les cercles ou liens autour des surtouts, et
vous dégagez l'entrée en coupant, s'il le faut, quelques

brins de paille. En hiver vous emploierez les mêmes moyens ; mais tout y est plus facile et demande moins de temps.

9° *Y a-t-il quelque avantage à conduire les ruches en plein champ ?*

R. Oui, assurément, par le simple motif qu'elles sont plus près des fleurs ; leur voyage pour la récolte du miel et du pollen se fait en moins de temps, ce qui peut plus que doubler le produit de leur travail. Elles se trouvent isolées des autres ruchers, dont les abeilles, à cause de la distance, n'arrivent qu'en petit nombre sur le terrain où reposent les vôtres ; elles ont donc la meilleure part au butin amassé. Avec une récolte plus abondante, ce qui est déjà un grand bénéfice, les abeilles élèveront plus de couvain, qui vous assurera pour l'année suivante des essaims plus forts et plus précoces. Les hirondelles et autres oiseaux en détruisent un certain nombre dans les ruchers restés aux alentours des habitations ; les vôtres seront épargnées par leur éloignement ; le nombre en augmentera nécessairement, et toujours à votre profit.

TRAVAUX ET SOINS EN DÉCEMBRE.

Ne perdez jamais de vue votre rucher, même en hiver ; tendez des pièges aux rats, aux souris ; enlevez la neige qui pourrait encombrer l'entrée des ruches et intercepter l'air. Par les beaux jours, laissez sortir vos mouches ; elles ont besoin de se décharger et sont heureuses de trouver un beau temps pour aller dehors à cette intention, deux ou trois fois l'hiver.

Vous pouvez commencer à changer de place vos ruches, si les mouches ne sont pas sorties depuis trois ou quatre semaines, et que les froids paraissent vouloir continuer. Mettez ensemble les plus faibles, les plus vieilles, celles de deux ans, d'un an, etc.

Commencez aussi à réparer vos ruches vides et à en construire de neuves, ainsi que des calottes, à faire ou refaire les tablettes, les paillassons. Si vous faites des paniers plus qu'il ne vous en faut, vous trouverez facilement à les vendre ; vous augmenterez par là vos ressources sans qu'il vous en coûte beaucoup d'avance et de travail.

C'est la bonne époque pour vendre ou acheter des ruches ; si vous avez des intentions sur ce point, n'attendez pas au printemps, où ce serait moins facile et moins avantageux.

Il est bon de faire échange de quelques ruches entre petits ruchers éloignés les uns des autres, pour croiser les races et donner aux abeilles plus de force et de vigueur ; c'est aussi l'époque favorable pour le faire.

QUATRIÈME LEÇON. — MOIS DE JANVIER.

Travaux des Abeilles à l'extérieur.

———

1° *Quels sont les divers travaux des mouches à miel?*

R. Les travaux des abeilles se réduisent à deux principaux : les travaux extérieurs dans les champs, vergers ou jardins, les travaux intérieurs de la ruche. Les uns et les autres sont des plus admirables ; ils méritent qu'on les étudie avec la plus sérieuse attention. Les premiers seront traités dans cette leçon et la suivante, les autres dans les leçons de mars et d'avril.

2° *Quels sont les travaux des abeilles à l'extérieur?*

R. Ces travaux consistent à recueillir le miel, le pollen (poussière des fleurs) et une espèce de colle appelée *propolis*, mot qui signifie *en avant de l'habitation*, parce que cette colle se met en dehors des rayons sur toutes les parois de la ruche et aux fissures qui peuvent s'y rencontrer.

3° *Qu'est-ce que le miel?*

R. Le miel est une substance liquide, douce et sucrée, que les abeilles ouvrières recueillent au fond des fleurs, sur les feuilles ou branches de quelques arbres, les tiges de quelques plantes et sur certains fruits.

Le miel étant la principale nourriture des abeilles, ces admirables insectes s'empressent d'en recueillir autant qu'elles peuvent en trouver et en placer dans leur habitation. Dès que le beau temps est revenu et que les fleurs commencent à s'épanouir, vous les voyez, au lever du soleil, sortir de leur maisonnette, voler de fleur en fleur, où elles enlèvent avec leur trompe la liqueur sucrée qu'elles produisent, l'introduire dans leur premier estomac pour l'apporter aussitôt dans leurs magasins. C'est là qu'elle subit un travail qui fait évaporer le trop d'eau qu'elle contient.

Dès qu'une abeille se sent suffisamment chargée, elle retourne de suite à sa ruche, où elle dépose, dans le premier alvéole vide qu'elle rencontre, le miel qu'elle a récolté, et repart aussitôt pour une nouvelle cueillette, et ainsi de suite du matin jusqu'au soir. Le nombre des voyages qu'elles font chaque jour ne peut être déterminé ; le tout dépend de la longueur des jours, de l'abondance des fleurs et du miel, de la distance où elles vont le recueillir.

Les circonstances les plus favorables à la production du miel sont un temps chaud et humide ; quand la nuit se trouve dans ces conditions, la matinée est excellente ; le temps à l'orage est aussi l'un de ceux qui font suinter le miel dans les fleurs. Si alors elles sont en abondance, chaque ruche bien peuplée peut amasser deux, trois et même quatre livres de miel en une seule journée, sans compter ce qui est consommé par les abeilles et le couvain. Le temps froid et sec, le vent du nord ou du nord-est mettent obstacle à la sécrétion du miel ; aussi ce sont des journées pauvres pour les mouches. Le plus funeste de tous les temps c'est la pluie, et surtout une pluie de longue durée, qui les empêche même de sortir; mais s'il pleut assez peu, il ne faut pas s'en plaindre ; au contraire, c'est très avantageux pour raviver les plantes et les fleurs, pour donner l'humidité nécessaire et produire une abondante récolte dans les journées suivantes.

4° Quel usage les abeilles font-elles du miel?

R. Je l'ai déjà dit, le miel est la principale nourriture des abeilles ; elles l'emploient aussi pour élever le couvain, en le mélangeant au pollen. Ce qui reste est emmagasiné pour l'hiver ; le surplus est la part revenant à l'apiculteur, part très belle parfois dans les bonnes années, produisant d'amples bénéfices pour lesquels il faut peu d'avances et peu de travail.

Le miel a différentes qualités, selon la nature des fleurs, la saison, le temps, le terrain et le site plus ou moins élevé où il est recueilli. Une contrée abondant en plantes aromatiques en produira de première qualité, et là où il ne croît que des arbres et des herbes communes, il n'y aura qu'un miel médiocre. Ainsi le miel des montagnes est toujours préférable à celui des plaines, celui des plaines à celui des terrains marécageux. Le miel des terres légères l'emporte aussi sur celui des terres fortes, qui toutefois peut être plus abondant; en un mot, il en est du miel comme du vin : il a son goût de terroir, ses qualités supérieures ou inférieures, selon les contrées, la nature des fleurs et les temps plus ou moins favorables. Aussi, d'une année à l'autre, dans le même territoire, il y aura une différence très marquée, soit pour la quantité, soit pour la qualité. Il y a parfois des années si mauvaises, si pluvieuses et si froides, que les bonnes ruches ont même de la peine à amasser de quoi passer l'hiver. Telle est la cause de la variation sur le prix de vente d'une année et d'une contrée à l'autre. Le miel de sarrasin ne vaudra jamais celui de thym, de sainfoin et de certaines labiées ; les abeilles le recueillent, mais ne changent pas sa nature par le travail qu'elles lui font subir.

5° *Qu'est-ce que le pollen, et où se récolte-t-il?*

R. Le pollen n'est autre chose que la poussière fécondante des fleurs. Lorsqu'une fleur commence à s'ouvrir, vous remarquez dans son centre de petits globules rouges, jaunes, etc., posés sur une tige très légère ; c'est ce qu'on appelle les étamines des fleurs. Ces globules contiennent une poussière qui, à un certain moment, s'échappe, tombe ou saute sur l'ovaire de la fleur ou sur un filament qui l'y conduit. Cette poussière étant d'une excessive abondance, une faible partie suffit pour la fécondation des fleurs, et l'autre est destinée à être recueillie par les abeilles, qui s'en nourrissent quelque peu et en réservent la portion la plus considérable pour la nourriture du couvain à l'état de ver ou larve. Ce n'est donc pas pour faire leur cire que les abeilles amassent le pollen, comme le croient encore certains apiculteurs peu instruits.

Il est des fleurs qui en produisent beaucoup avec un

peu de miel, d'autres qui en produisent peu et donnent du miel en plus grande abondance. La qualité, qui nous importe peu du reste, puisque nous ne le recueillons pour aucun usage, est différente selon les espèces de fleurs.

6° Comment les abeilles amassent-elles le pollen ?

R. Elles le ramassent au moyen des poils qui se trouvent sur quelques parties de leur corps ; puis, avec leur bouche et leurs pattes, elles le font passer dans la cavité des pattes de derrière où elles l'entassent en petites pelotes ; c'est en voltigeant quelques instants au-dessus de la fleur que se pratique cette opération, qu'il est assez difficile de bien distinguer dans ses détails, à cause de la rapidité qu'elles mettent dans leurs mouvements. Elles ont soin, pour lui donner de la consistance, de l'humecter d'un peu de miel. L'abeille qui recueille le pollen s'occupe peu du miel, quoiqu'elle en amasse cependant quelquefois dans le même voyage.

Lorsque les mouches arrivent avec leur charge de pollen, elles montent dans la ruche sur les rayons voisins du couvain et le déposent dans un alvéole, en y introduisant les pattes de derrière et en faisant les efforts et les mouvements nécessaires pour en détacher les pelotes. Il y est enfoncé par les abeilles, qui le serrent avec leur tête ; c'est là que le prennent celles qui sont chargées de préparer la bouillie des larves.

7° Quel est l'usage du pollen ?

R. Le pollen, comme il a déjà été dit, sert presque uniquement à la nourriture du couvain ou larves, depuis le jour de l'éclosion jusqu'au temps où elles remplissent l'alvéole devenu leur berceau. Aussi, pendant la grande ponte du printemps, voit-on les abeilles en amasser en très copieuse quantité, même jusqu'à un kilogramme par jour. Quand vous voyez ces nombreuses abeilles revenir chargées de pelotes jaunes, c'est un signe que la reine est dans toute la force de l'âge et que cette ruche donnera assurément un ou plusieurs essaims. Quand, au contraire, dans un autre panier, vous ne voyez au même temps que langueur, que peu de travail, craignez pour son avenir. Réunissez-la à une ruche voisine, ou marquez-la d'un signe pour lui ajouter un essaim secondaire, ou une chasse si elle ne se remonte pas avant le 1er juin.

Le pollen amassé depuis longtemps peut se gâter dans la ruche ; si l'on s'en aperçoit, et si les abeilles ne le font disparaître elles-mêmes, il faut y suppléer en détachant les rayons qui les renferment. Ce sont les cires trop vieilles qui peuvent en contenir de cette sorte ; on doit s'en défaire entièrement quand elles ont atteint trois ou quatre ans.

8° *Qu'est-ce que la propolis?*

R. C'est une colle ordinairement jaunâtre, que les abeilles récoltent en fin d'été et au commencement de l'automne. Elle s'amollit par les chaleurs et devient plus dure et cassante par le refroidissement. Les mouches trouvent cette substance sur les bourgeons et les tiges de certains arbres, tels que le marronnier, le peuplier, etc. Comme le pollen, elles le rapportent aux pattes de derrière, en petites pelotes peu polies.

9° Quels sont l'usage et les avantages de la propolis?

R. Elle sert pour enduire l'intérieur de la ruche, en fermer les ouvertures inutiles, et pour consolider les rayons à leur extrémité supérieure. Comme ce travail est pour les abeilles assez difficile et fort long, il est bon de faire usage de vieux paniers encore assez solides en y laissant cette colle. C'est une pénible et longue besogne de moins à faire, et les abeilles qui y seraient employées occupent leur temps à quelque chose de plus avantageux pour elles et leur propriétaire.

Il arrive parfois qu'elles emploient cette colle pour rétrécir l'entrée de la ruche; on peut les laisser faire. Elles s'en servent aussi pour attacher fortement la ruche sur son plateau; c'est excellent pour l'hiver : ne la décollez donc pas sans nécessité. Elles n'emmagasinent pas cette substance et l'emploient de suite; quelquefois elles en prennent d'une place pour la mettre ailleurs; elles vont même en détacher des vieilles ruches et des tablettes qu'on laisse exposées aux ardeurs du soleil; au lieu d'y mettre obstacle, fournissez-leur plutôt l'occasion d'en amasser ainsi.

TRAVAUX ET SOINS DU MOIS DE JANVIER.

Il faut continuer ce qui a été dit pour le mois de décembre, ou le commencer s'il n'en a encore été rien fait. Passez de temps en temps une revue sur votre rucher, et ne touchez aux ruches que s'il est bien nécessaire, les abeilles n'aimant pas à être dérangées en cette saison, ce qu'il faut faire néanmoins quand on

doit les changer de place. Veillez assidûment sur leurs
ennemis, qui pourraient commettre de nombreux dégâts.
Aux jours d'une température douce, donnez-leur un peu
plus d'air. Rappelez-vous que janvier est un des mois
les plus favorables pour le transport des paniers de
mouches ; si vous avez acheté, vendu ou échangé, faites-
le sans retard.

CINQUIÈME LEÇON. — MOIS DE FÉVRIER.

LES FLEURS.

Je viens de parler des travaux extérieurs des abeilles; cette cinquième leçon en est la suite naturelle, puisqu'il y est traité des fleurs sur lesquelles se recueillent le miel et le pollen.

En Algérie, en Espagne, en Italie, dans le Midi même de la France, les fleurs commencent à s'épanouir ; vos chères abeilles, heureux apiculteurs de ces contrées, mettent à profit chacun des beaux jours que le ciel vous envoie, et amassent le suc de ces prémices du printemps. Pour vous, habitants du centre et du nord de la France, pour vos voisins des mêmes latitudes, il vous faudra encore attendre quelques semaines avant de voir commencer des travaux sérieux et lucratifs. Afin de calmer quelque peu votre juste impatience, je vais passer en revue avec vous les principales fleurs qui, dans le cours de chaque année, vous produisent de si beaux bénéfices, par le moyen de vos abeilles. Nous les suivrons à peu près dans l'ordre de leur apparition, sans les rattacher à aucun mois, puisqu'elles fleurissent plus ou moins tôt, selon la différence des sites et des climats.

Je commence par l'ellébore noir, appelé vulgairement

rose de Noël, qui fleurit dès la fin de décembre ou en janvier ; sa belle corolle blanche donne du pollen dès les premiers beaux jours de soleil et de chaleur. Arrivent ensuite le perce-neige, la primevère, la violette, le buis, la couronne impériale, très fertile en miel, le pas-d'âne ou tussilage, l'anémone, la giroflée au riche pollen, le pissenlit, le fraisier, le pourpier à la fleur dorée, le romarin, etc.

Parmi les arbres ou arbustes, on voit fleurir, dès les premiers jours du printemps, le noisetier, qui se couvre de chatons remplis de poussière fécondante, l'amandier, le thuya, l'aune appelé aussi aunelle, les saules de diverses espèces, avec leurs jolies fleurs jaunes ou vertes, très-productives en miel et en pollen, l'abricotier, le pêcher, les groseilliers à grappes et à pointes épineuses, le peuplier et l'orme, qui produisent une riche récolte pour vos mouches, s'ils fleurissent en temps chaud, le bouleau, le tremble, le frêne, le cytise, avec ses magnifiques fleurs odorantes, etc.

Remarquons ici qu'il y a, dans le cours d'une année, une succession non interrompue de fleurs, et qu'il n'en paraît qu'un petit nombre d'espèces dans le même temps ; ce qui donne aux abeilles la faculté de recueillir tout le miel et le pollen qu'elles produisent, leur crée une occupation continuelle, qui leur est toujours très agréable, puisqu'elles aiment le travail, ont en horreur l'oisiveté dans laquelle les retient la force seule d'un temps pluvieux et trop froid, ou la saison de l'hiver.

Après les plantes et les arbres ou arbustes déjà mentionnés, on voit donner des fleurs en abondance, l'érable, le platane, l'acacia, le marronnier, la ronce commune, le seringat, le troëne, l'aubépine, le chèvre-feuille, le prunellier, le prunier, le poirier, le cerisier, le pommier. Ces cinq derniers arbres, s'ils sont nombreux dans la contrée, et s'ils fleurissent par un temps doux et un brillant soleil, feront augmenter vos ruches en poids ; ce poids sera du miel et du couvain ; on doit donner la même estime à l'un et à l'autre : si le miel remplit vos pots, le couvain vous prépare des essaims qui renouvellent et augmentent votre rucher.

Parmi les plantes, on voit fleurir aux mêmes époques le colza, la navette, le chou ; les contrées qui en produisent considérablement font la richesse du propriétaire d'abeilles, aussi bien que du cultivateur. S'il y a un certain nombre de beaux jours au printemps, on est assuré d'une abondante récolte en miel et en pollen ; des essaims forts, nombreux et précoces, tel est le principal bénéfice que vous assure la floraison de la navette et du colza par une température favorable.

La vesce d'hiver donne aussi peu après du miel sur ses fleurs, sur le haut de ses tiges un suc mielleux assez recherché par les mouches ; il y a encore la mélisse dont l'odeur est particulièrement agréable aux abeilles. Il serait bon d'avoir un ou deux pieds de cette plante aux environs de son rucher ; on peut en frotter la ruche où l'on se dispose à loger un essaim.

Nous sommes à la fin d'avril ou dans la première quinzaine de mai, selon le climat, et voilà qu'apparaît, pour beaucoup de contrées, la reine des fleurs, le sainfoin ou esparcette. Cette plante, qui est un des meilleurs

fourrages pour toute espèce de bétail, comme l'indique
son nom, est aussi pour l'apiculteur une source féconde
de miel d'une qualité supérieure, et de pollen, qui doit
fournir au couvain une nourriture plus substantielle
que toute autre fleur. Si la température est chaude, un
peu humide, les rosées abondantes pendant trois ou
quatre semaines, votre récolte en miel est assurée, vos
ruches à conserver ont leurs provisions d'hiver. Dans
la même saison fleurit aussi le trèfle rouge ou trèfle
incarnat, dont les qualités peuvent rivaliser avec celles
du sainfoin. Nous devons savoir aussi qu'il y a une
espèce de sainfoin qui donne une seconde coupe en
août ; sa fleur est un excellent regain pour les mouches.
S'il est des plantes que l'on doive propager, c'est assurément le sainfoin à une et à deux coupes, le trèfle
incarnat, puisqu'ils produisent en miel, aussi bien
qu'en fourrage, des bénéfices très avantageux.

C'est peu après cette saison que fleurit le trèfle ordinaire ; les abeilles y récoltent ordinairement peu de
miel, parce que leur trompe ne peut pénétrer jusqu'au
fond de ses fleurs. La seconde coupe, cependant, peut
être assez favorable, si elle fleurit par un temps sec et
chaud, parce que sa fleur est moins longue et son miel
plus abondant. Il faut mentionner aussi le petit trèfle
blanc, qui croît naturellement et en abondance au bord
des chemins et sur quelques pelouses ; vous y voyez
toujours un grand nombre d'abeilles, ce qui montre le
prix que l'on doit attacher à cette plante.

Un arbre encore fleurit en plein été, c'est le tilleul :
si sa fleur est très recherchée pour la pharmacie, elle

ne l'est pas moins par les abeilles. Dès la pointe du jour jusqu'à la nuit, vous les entendez bourdonner au milieu de son feuillage. Son miel est abondant et de bonne qualité, ainsi que celui du framboisier, dont la fleur apparaît dans la même saison.

Parmi les plantes d'été, je cite comme favorables à l'apiculture les diverses espèces de sénevé qui croissent au milieu des céréales, la navette d'été, la bourrache qu'il faut propager dans les jardins, la luzerne, surtout dans sa seconde coupe, si on la fauche seulement lorsqu'elle arrive à ses dernières fleurs ; dans ce dernier cas, elle se rapproche quelque peu du sainfoin, tant pour la qualité que pour la quantité du miel.

Je cite aussi le mélilot, qui fleurit sans interruption pendant plusieurs mois de l'année ; la sauge, le bluet au miel vert, le pavot et le coquelicot ; la moutarde noire et jaune, le chardon des diverses espèces, le bouillon blanc, le soleil ou tournesol, le lin et le chanvre, le pouliot, cette plante basse à fleur violette, qui croît dans les contrées un peu arides, dans certains terrains restés sans culture pendant quelques années, comme il arrive souvent en Champagne ; la vipérine, produisant des fleurs en grappes d'un beau bleu tacheté comme la vipère, et donnant pendant un temps assez long du miel en abondance ; le chevalon des prairies, aux magnifiques fleurs si bien coloriées, produisant un miel de bonne qualité.

Dans une saison plus avancée, nous trouvons le réséda, qui donne un arôme excellent au miel ; la vigne vierge, la scabieuse, le thym, la menthe, le serpolet aux fleurs parfumées et très mielleuses, la bruyère, qui se plaît dans les terrains secs, élevés ou en pente rapide.

Dans beaucoup de contrées, il y a la culture du sarrasin, appelé aussi blé noir, qui produit miel et pollen en grande abondance pendant les mois de juillet, août et septembre. Ce miel est d'une qualité inférieure et possède un goût qui est assez désagréable pour quelques personnes. Un beau temps à l'époque de sa floraison, quelques ondées de loin en loin pour raviver la plante, assurent aux abeilles une excellente récolte pour prendre sans aucune crainte leurs quartiers d'hiver. La fleur de lierre en arrière-saison donne aussi du pollen, mais peu de miel.

J'ai parlé d'un certain nombre de fleurs, mais il en existe une infinité d'autres dans les prairies, les forêts, les jardins ; je les passe sous silence. Mais tranquillisez-vous à leur sujet : quand même elles ne seraient pas signalées dans ce livre, ceci n'empêchera pas vos excellentes ouvrières de les trouver partout où il y en aura ; la finesse de leur odorat, leur ardeur pour le travail sauront leur faire découvrir celles qui pourront leur assurer une récolte quelconque.

1° N'y a-t-il que les fleurs qui produisent du miel?

R. Les fleurs sont sans aucun doute la source naturelle et la plus abondante pour la production du miel ; mais la nature, ou plutôt son Auteur, semble avoir voulu déployer une prodigalité prodigieuse sur ce point en faveur de nos intéressantes abeilles. En certaines années fort chaudes, dans les mois de juillet et d'août, elles trouvent une substance mielleuse sur les tiges de quelques plantes, sur les feuilles et les jeunes branches de certains arbres, tels que le chêne vert, le tremble, le cerisier, le sapin et l'épicéa, l'orme, quelques espèces de saules, etc. C'est la surabondance de sève unie à une rosée chaude qui produit ce suc mielleux ; on reconnaît son existence par la présence des abeilles qui le recueillent en bourdonnant assez fortement. C'est ce qu'on appelle la miellée. Le sapin la produit dès le printemps sur le bout de ses feuilles.

Certaines espèces de pucerons se fixent aussi en masse sur les branches et les feuilles de certains arbres et en font sortir un suc mielleux que les mouches de toute espèce s'empressent de recueillir.

Au temps de la maturité des fruits, cerises, prunes, poires, raisins, etc., les abeilles vont parfois sucer ceux qui se crevassent et changent en miel les jus qu'elles en retirent. Quelques-unes aiment aussi à se poser là où des urines ont été répandues, par la raison sans doute qu'elles ont laissé en dépôt quelque principe sucré ; chacun sait, du reste, qu'une maladie de vessie, appelée diabète, produit une abondance extraordinaire d'urine chargée de matière sucrée.

Les abeilles placées à proximité des usines dans lesquelles se fabrique ou se raffine le sucre, ainsi que d'autres denrées tant soit peu sucrées, cherchent à y pénétrer et y amassent parfois des provisions qui ne sont pas à dédaigner. Dans ce cas je ne les donne pas comme modèles de probité ; cependant elles agissent en toute bonne foi, et avec les meilleures intentions.

Les abeilles trouvent donc à récolter en toute saison, l'hiver excepté. Mais chaque contrée a des mois privilégiés, avril pour quelques-unes, ou bien mai et juin ; pour d'autres, les mois de juillet, d'août et commencement de septembre. En dehors de ces époques, elles amassent toujours quelque peu qui suffit ordinairement à leur entretien et à l'élevage du couvain.

2° Les abeilles nuisent-elles à la fécondation des plantes, ou, en d'autres termes, à la production des graines ?

R. Non : c'est tout le contraire qui a lieu et je l'affirme carrément, malgré certains préjugés sur cette question. La fécondation, ou formation des graines, se produit au moyen de la poussière des étamines qui tombe sur l'ovaire ou sur les filaments qui l'y conduisent, et s'y introduit par une puissance naturelle qui l'y attire. Les abeilles, en enlevant la surabondance de cette poussière, en font ou en laissent tomber nécessairement sur l'ovaire ; sans ce mouvement qu'elles ont excité, elle n'y serait peut-être pas arrivée, surtout par les temps un peu trop frais ou après la pluie. Ceci prouve donc bien clairement que les mouches à miel, au lieu de nuire à la fécondation des plantes, leur sont plutôt favorables, tant est bien fait ce qu'a fait la Providence. Dans une île où des Européens avaient planté des arbres fruitiers, ils produisaient une magnifique végétation, des fleurs en abondance, mais pas de fruits. On eut l'idée d'y transporter quelques ruches d'abeilles ; dès la même année, aux environs du rucher, on récolta de beaux fruits à pépins et à noyau. Tout arrêté qui supprimerait ou gênerait l'apiculture serait une folie bien nuisible à certaines récoltes.

TRAVAUX ET SOINS DU MOIS DE FÉVRIER.

Visiter les ruches pour s'assurer du poids de celles que l'on soupçonne être faibles, et donner de la nourriture à celles qui seraient sur le point d'en manquer. Comme la saison peut être encore froide, on donne cette nourriture la nuit dans une chambre chaude, ou dans une cave sombre, à quelque heure que se soit. Exhausser celles qui seraient trop basses et exposées aux inconvénients de l'humidité. S'il survient de beaux jours, ce qui arrive dans les climats chauds, il faut enlever un instant chaque ruche pour nettoyer sa tablette. S'il était tombé de la neige, et qu'aussitôt, par un temps clair et doux, le soleil luise, il serait bon d'empêcher, s'il était possible, la sortie aux abeilles ; il arrive souvent en pareil cas qu'elles se refroidissent en l'air, s'abattent sur la neige et y périssent. Si l'on ne pouvait empêcher cette sortie, il faudrait répandre quelques brins de paille sur la neige devant les ruches ; les abeilles se posent dessus, peuvent s'y réchauffer aux rayons du soleil et se relever ensuite.

SIXIÈME LEÇON. — MOIS DE MARS.

Travaux dans l'intérieur des Ruches.

Les travaux intérieurs des abeilles se réduisent à deux principaux : la construction de leurs édifices et l'élevage du couvain. Le premier fera l'objet de cette leçon, et le second celui de la suivante.

1° *Qu'appelle-t-on édifices des abeilles?*

R. Les édifices des abeilles, appelés aussi gâteaux, rayons ou couteaux, sont d'admirables petites constructions qu'elles forment avec de la cire, pour se loger, élever leur progéniture et emmagasiner leurs provisions. Dans tous les travaux produits par de faibles insectes, il n'en est point de plus intéressants que ceux des mouches à miel. L'aspect de l'intérieur d'une ruche, d'un simple rayon de cire, est un

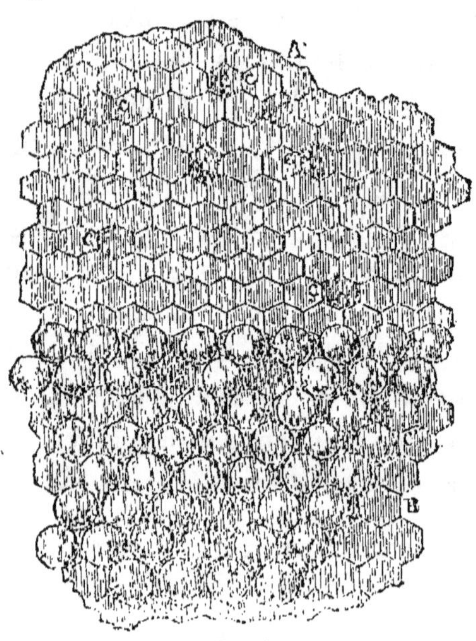

(*Fig. 26.*)

A. Partie supérieure, miel operculé.
B. Partie inférieure, couvain operculé.
CCC. Cellules contenant du pollen.

des plus agréables spectacles que puissent se procurer l'homme de cœur et l'homme d'esprit. Dans cet objet si simple, ils sentent, ils admirent la Toute-Puissance du Créateur se reflétant au milieu de ce laboratoire où s'occupent des milliers d'ouvrières avec la plus constante activité. La surprise ne fait qu'augmenter quand on voit l'ordre, la régularité des travaux, les magasins abondants de cette petite monarchie ; rien n'y manque : accord parfait, subsistances pour la saison d'hiver. Que l'apiculteur dirige le tout avec soin et intelligence, et on aura le modèle d'une société parfaite.

2° Qu'est-ce que la cire?

C'est une graisse qui se produit dans le corps des abeilles au moyen du miel qui a subi l'effet de la digestion. Cette graisse vient s'épancher sous forme de lamelles minces, blanches et durcies, entre les anneaux et en dessous du ventre ; c'est là qu'elles les saisissent avec leurs pattes, les portent dans leur bouche pour les mastiquer et les réduire

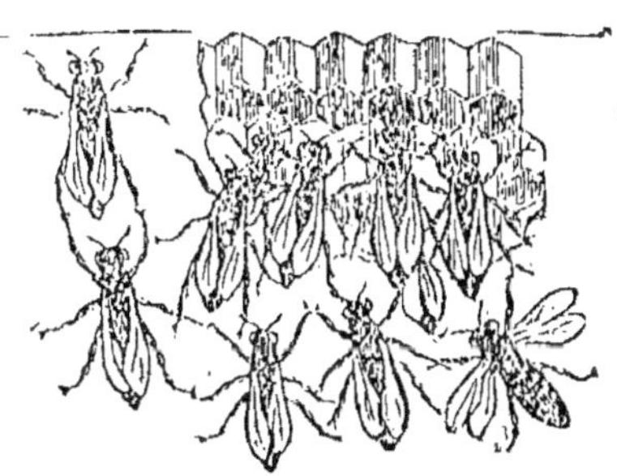

(*Fig.* 27.) Groupe d'abeilles sécrétant la cire.

en pâte molle ; aussitôt elles les posent en place pour commencer ou agrandir leurs rayons. Si vous voulez voir quelques-unes de ces lamelles de cire, vous en trouverez en assez grand nombre sur la tablette d'un essaim logé depuis deux ou trois jours.

On a cru pendant longtemps, et on croit encore dans quelques campagnes, que les abeilles formaient leur cire avec le pollen qu'elles rapportent sur leurs pattes. C'est une erreur évidente. Comme je viens de le dire, elles forment la cire avec le miel ou toute autre substance sucrée qu'elles absorbent et qu'elles digèrent. Pendant que se fait cette digestion, elles sont comme dans un état de repos ; plus la chaleur est élevée, plus elles produisent de cire avec la même quantité de miel, plus aussi les rayons sont construits rapidement.

3° Qu'appelle-t-on rayons ?

R. Par rayons, gâteaux ou couteaux, on entend cette suite de cellules, alvéoles ou petites cases formées très régulièrement, et formant une espèce de gaufre plus ou moins large. Ces alvéoles sont des trous ou petites cavités presque rondes, ayant la forme hexagonale ou à six côtés. Il y en a sur les deux faces des gâteaux. Le tout est bâti avec une telle symétrie que le fond de chaque case correspond avec une partie de trois autres de la face opposée, sans qu'il y ait aucun espace de perdu, et il est disposé de façon qu'il forme une sorte de rondeur. Les cellules n'ont pas tout-à-fait la position horizontale, mais elles sont construites en s'élevant un peu, ce qui empêche le miel de couler avant leur fermeture.

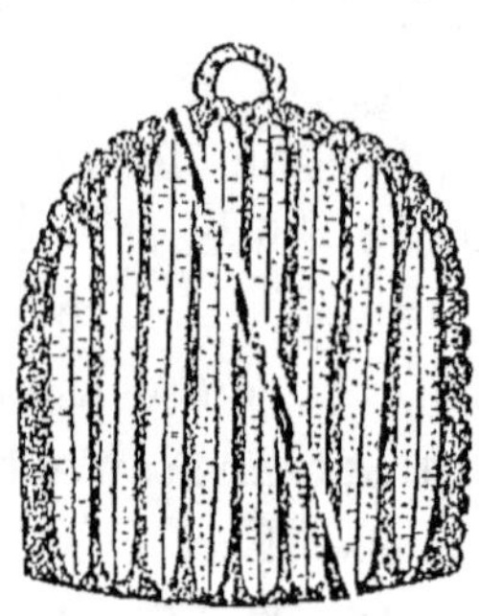

(Fig. 28.) Ruche coupée verticalement, montrant des rayons parallèles.

4° Où les abeilles commencent-elles leurs édifices ?

R. Elles les commencent toujours à la partie la plus

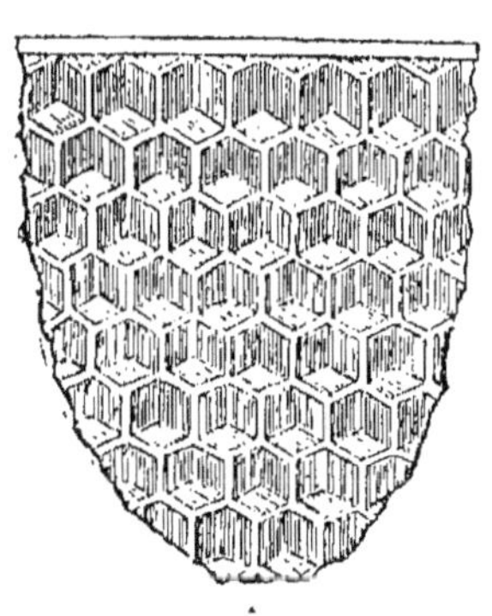

(*Fig. 29.*)

élevée de leur loge et construisent en descendant. S'il y a quelques bouts de rayons restés ou attachés artificiellement, elles les continuent. Quand il n'y en a pas, il est bon, pour leur faire prendre telle ou telle direction, d'y fixer un petit morceau de bois faisant saillie, de deux à trois centimètres d'épaisseur comme je l'ai déjà dit en parlant de la confection des ruches. Il y a même là un certain avantage. Sans cette précaution, il arrive assez souvent que

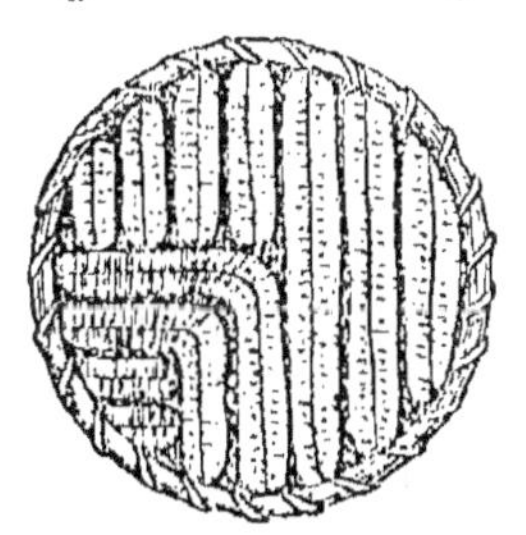

(*Fig. 30.*) Rayons irréguliers (coupe horizontale).

les mouches commencent plusieurs rayons en même temps et dans des directions différentes ; elles sont obligées un peu plus tard de faire tomber ceux qui s'écarteraient trop de la direction principale ; ou bien, si elles les conservent et les continuent, il y a une irrégularité qui fait perdre du temps et de la place dans leur étroite demeure ; elles y logeront par conséquent un peu moins de miel et y élèveront un peu moins de couvain. Il y a donc avantage quand la direction est uniforme, et il est facile de l'obtenir avec le moyen si simple que j'ai signalé.

Le commencement des rayons est ordinairement un travail assez grossier, mais à mesure qu'ils descendent ils sont plus parfaits, et ce qui d'abord n'avait l'air que d'une ébauche acquiert peu à peu la perfection donnée à tout le reste, à tel point qu'un rayon bien blanc, formé depuis trois ou quatre jours, excite notre admiration sur le fini du travail et l'instinct supérieur de cet admirable petit insecte.

Les rayons commencés dans le haut de la ruche et descendant verticalement sont ordinairement parallèles, c'est-à-dire posés les uns à côté des autres dans un ordre parfait ; c'est là le plus ordinaire. Mais, cependant, il arrive parfois que quelques-uns s'écartent un peu d'un côté ou d'un autre, que certains sont bâtis en forme d'équerre presque régulière.

Si les abeilles sont abandonnées à elles-mêmes pour donner la direction à leurs rayons, elles les commenceront au hasard, de façon qu'ils seront peut-être en travers de l'entrée. Pour bien aérer la ruche, surtout en été, et par les temps frais, il faut au contraire que les bouts arrivent dans la direction de la portière ; c'est donc à l'apiculteur de les y contraindre par le moyen connu.

Comme les abeilles, la reine surtout, auraient un trop long parcours à faire pour aller d'un rayon à l'autre, elles y pratiquent ou y laissent quelques passages. Les couteaux ont souvent toute la hauteur et toute la largeur de la ruche. L'espace laissé entre eux dans le centre du panier est d'un centimètre, ce qui suffit pour que les abeilles puissent circuler sur les deux faces en regard sans se déranger et sans trop se froisser. Ailleurs, là où est concentré le miel, la distance est moindre et suffit bien juste pour le passage d'une seule mouche.

5° *Quelle épaisseur ont les rayons?*

R. L'épaisseur des rayons varie selon la place qu'ils occupent dans la ruche, et selon leur destination. Ceux qui doivent servir à l'élevage du couvain d'ouvrières, ont près de trois centimètres ; ceux qui sont destinés aux bourdons ont un peu plus d'épaisseur que les premiers ; ceux qui doivent contenir le miel varient beaucoup ; la profondeur de leurs alvéoles est quelquefois double des autres ; ils sont placés dans le haut et sur toutes les rives de la ruche.

Les rayons qui sont blancs d'abord prennent peu à peu une couleur jaunâtre qui se brunit de plus en plus, et finit par devenir noire ; ceci a lieu surtout là où les abeilles séjournent le plus et où elles élèvent leur progéniture. Ils sont légers et fragiles quand ils sont nouveaux et vides ; quand ils sont pleins, leur pesanteur est telle qu'il semblerait que tout va se briser et s'effondrer. Mais disons de suite qu'ils acquièrent peu à peu de la consistance, au point d'être assez solides pour porter le miel ou le couvain qu'ils renferment, et que, à moins d'une secousse violente, ou par suite d'une chaleur trop élevée, ils peuvent résister à tout et supporter tout.

6° Y a-t-il plusieurs sortes de cellules ou cases dans une ruche?

R. Il y a dans chaque ruche trois sortes de cellules ou alvéoles ; les cellules d'ouvrières, qui forment les quatre cinquièmes environ, les cellules de bourdons pour l'autre cinquième, et enfin 10 à 15 cellules spéciales pour élever les jeunes reines. Sur certains rayons, il n'y a que des cellules d'ouvrières ; sur d'autres, que des cellules de bourdons ; sur quelques-uns, il y a réunion des deux sortes, les unes dans le haut, les autres dans le bas. Parfois même, il y a des cases de bourdons d'un côté, et des cases d'ouvrières d'un autre. Les abeilles sont assez habiles pour savoir tout raccorder. Le nombre des cellules s'élève à 50,000 environ, dans une ruche de moyenne grandeur, contenant 28 litres. Les cellules de reines sont dispersées sur les

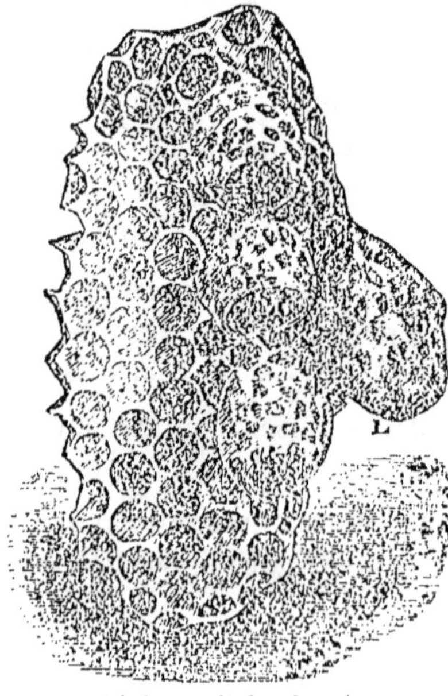

côtés des rayons ou sur les passages pratiqués dans l'intérieur. Ces alvéoles ne ressemblent en rien aux autres, ni pour la forme, ni pour la direction, ni pour la capacité. Leur ouverture est toujours tournée vers le bas, et leurs parois sont plus épaisses. Ils sont ordinairement isolés les uns des autres ; il est facile de les reconnaître à leur forme, qui imite un

(*Fig.* 31.) Les cellules de reines.

peu la petite calotte dans laquelle croît le gland.
Outre ces cellules naturelles pour les reines, les
abeilles en construisent quelquefois d'artificielles ; c'est
lorsque, ayant perdu leur mère, et les cellules

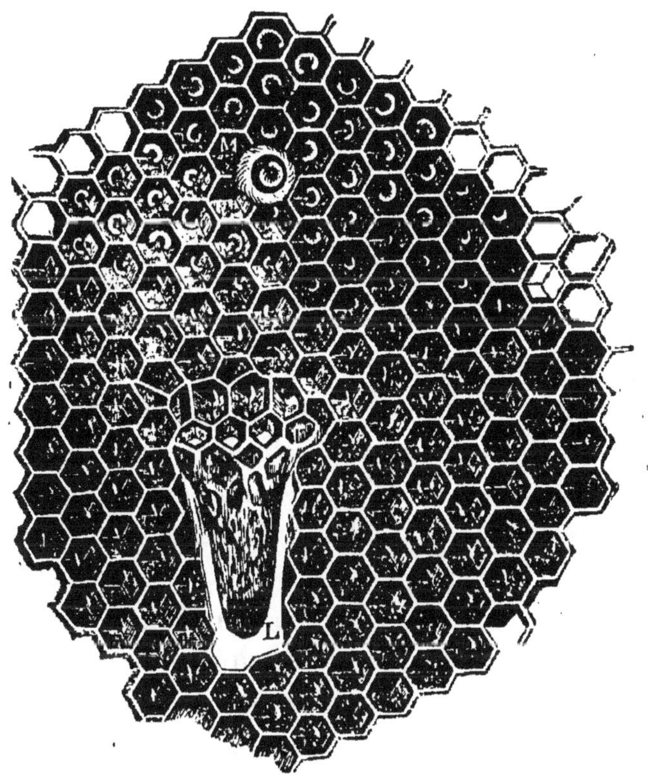

(*Fig*. 32.) Morceau de rayon avec cellules maternelles artificielles.

maternelles ne possédant pas d'œuf ou de couvain
pour en élever d'autres, elles font choix de trois
ou quatre œufs ou de trois jeunes vers d'ouvrières,
détruisent autour de chacun d'eux quelques cellules où
elles en bâtissent une seule grande, et y élèvent les

abeilles dont l'une devra un jour remplacer la mère
qu'elles ont perdue par la mort ou par un essaim
artificiel.

7° N'y a-t-il pas d'autres travaux intérieurs dont on
pourrait parler ici ?

R. Il y a la ventilation, la garde de l'entrée et l'appro-
priement : 1° Dans les temps de grandes chaleurs, et
lorsque les abeilles sont devenues nombreuses, elles ont
besoin de renouveler l'air de leur habitation et de le
rafraîchir. Pour arriver à ce but, on les voit comme
immobiles à l'entrée de la ruche, agitant leurs ailes avec
précipitation et un bourdonnement particulier à cette
circonstance ; quand les unes en sont fatiguées, d'autres
les relèvent. 2° Dans la bonne saison, il y a toujours
une garde à l'entrée de chaque ruche, pour visiter les
abeilles qui arrivent. S'il se présente une étrangère, —
et nous savons comment elles les reconnaissent à l'odeur
différente de la leur, — elle est attaquée, chassée et
même mise à mort si elle oppose quelque résistance.
Cette garde repousse aussi énergiquement tout insecte
étranger, tout ennemi, quel qu'il soit. Si le danger
augmente et qu'elle ne se sente pas en force pour le
repousser, elle appelle au secours par un signe particulier, et aussitôt arrive un renfort suffisant. 3° Les
abeilles aiment la propreté et la pratiquent d'une
manière exemplaire dans leur demeure. Aussi quelques-
unes se chargent-elles de tout approprier, d'enlever les
ordures, les cadavres, les couvains morts ou sans force
pour travailler au bien public de la colonie. Sur la

tablette, elles font mouvoir leurs ailes de façon à pousser au dehors toute espèce de corps étranger, inutile ou nuisible. Si des cadavres sont trop lourds pour être emportés, comme escargots, souris, elles les couvrent de propolis, afin qu'ils ne répandent aucune mauvaise odeur dans la ruche.

TRAVAUX ET SOINS DU MOIS DE MARS.

Gardez-vous bien, pendant ce mois, comme le font encore quelques apiculteurs, de tailler la cire de vos ruches, de faire de la place aux abeilles, comme on le dit quelquefois. Il faut du miel à vos abeilles pour le printemps, il faut des rayons pour la mère y déposer ses œufs ; laissez-leur donc l'un et l'autre. J'en excepte une ruche absolument trop lourde ; on peut alors y enlever quelques-uns des rayons de côté, les plus riches en miel. Si quelques couteaux du centre étaient absolument trop moisis, déchirés ou gâtés, on pourrait aussi les enlever, mais ce ne doit être toujours qu'une rare exception.

Faites pendant ce mois une visite un peu détaillée de votre rucher, que vous devez néanmoins connaître à peu près. Vous voyez les bonnes ruches où rentrent des mouches en grande quantité et bien chargées, n'y touchez pas. Vous en voyez d'autres qui possèdent une forte population et vont manquer de nourriture ; donnez-en selon l'une des méthodes indiquées dans la douzième leçon. D'autres possèdent de trop faibles populations pour pouvoir se remonter, et quelqu'une peut être n'a

plus de mère : mêlez-en plusieurs ensemble, en em-
ployant pour cela le moyen auquel vous êtes le plus
habitué, et vous aurez assurément de bonnes ruches.
Une autre est mourante, et déjà grand nombre d'abeilles
sont tombées sur la tablette : retournez la ruche
l'ouverture en haut et videz dedans tout ce qu'il y a sur
le plateau ; emportez-la ainsi dans une chambre bien
chauffée par un poêle ou près d'un bon feu ; versez de
suite, au milieu des mouches, quelques cuillerées de
bon miel bien liquide. A mesure qu'elles se réchauffent,
elles reprennent vie et vigueur ; elles absorbent le miel
que vous leur avez d'abord versé, et peu après elles
reparaissent dans leur état habituel. Dès que vous
remarquerez que quelques abeilles cherchent à s'envoler,
enveloppez la ruche d'une serviette de linge clair et
assurez-la avec une ficelle ; versez encore un peu de
miel sur la serviette pour amuser vos mouches jusqu'au
soir. C'est alors que vous devez leur en donner un à
deux kilogrammes, et le matin, si elles ont tout remonté,
reportez le panier au rucher, sur sa tablette. Dans
d'autres ruches, vous trouvez tout mort depuis un
certain temps, sans qu'il y ait aucun espoir d'y faire
renaître la vie : conservez les cires pour en disposer
comme il sera dit à la douzième leçon.

C'est aussi l'époque de bien nettoyer les tablettes ; on
peut même le faire plus tôt dans les contrées du Midi.
Attendez pour cela un jour assez chaud, quand les
abeilles opèrent une belle sortie. Décollez votre ruche
assez doucement et enfumez-la un peu si vous voulez ;
posez-la aussitôt sur une autre tablette préparée exprès

très près de vous, puis, avec un balai de roseaux ou quelqu'autre instrument, enlevez tout ce qu'il y a sur le plateau, et replacez-y sans retard votre ruche. Continuez cette opération tant que le soleil brille, et achevez au plus vite dans les premiers beaux jours suivants. N'oubliez pas de vous couvrir de votre camail.

Si vous trouvez sur la tablette des parcelles de cire en grande quantité, vous ferez bien de les recueillir pour les fondre avec tous les autres débris que vous procurera le nettoyage.

SEPTIÈME LEÇON. — MOIS D'AVRIL.

COUVAIN.

1° Qu'appelle-t-on couvain ?

R. On entend par couvain les jeunes mouches dans les différentes formes où elles passent avant d'arriver à l'état d'abeilles parfaites et capables de remplir les fonctions auxquelles elles sont destinées. L'œuf d'où l'abeille provient est placé au fond d'un alvéole. La chaleur de la ruche le fait bientôt éclore. Il en sort un vert blanc qui se change plus tard en nymphe et enfin en abeille propre au travail. Ce qui est dit du couvain d'ouvrières doit s'entendre également de celui de bourdons et de jeunes reines.

2° Développez les différentes considérations sur la ponte de la reine ou mère-abeille ?

R. La reine commence par examiner l'état de la cellule dans laquelle elle veut déposer un œuf : si elle le trouve convenable, elle y enfonce son abdomen, qui s'allonge, et l'œuf s'en échappe pour s'attacher au fond de l'alvéole, au moyen de la liqueur visqueuse ou colle dont il est imprégné. La reine continue cette opération pendant une partie notable de l'année, selon la quantité de nourriture disponible, surtout en pollen, l'état plus ou moins chaud de la température, et le nombre d'ouvrières qui peuvent s'adonner au nourrissage du couvain.

La reine pond des œufs d'ouvrières qu'elle dépose dans des cases particulières, et des œufs de bourdons dans d'autres plus spacieuses. Les œufs de bourdons sont pondus seulement au temps de la grande ponte, c'est-à-dire en avril et en mai pour les contrées du centre et du nord de la France ; dans le midi cette ponte est plus précoce ; dans les contrées où l'abondance des fleurs n'a lieu qu'en juin, juillet et août, elle est plus tardive.

La quantité d'œufs pondus chaque jour ne peut être connue : tout ceci dépend de mille circonstances qui en font varier le nombre. Dans les temps les plus favorables de la grande ponte, il pourrait s'élever jusqu'à deux mille. Pendant cette époque, qui précède celle des essaims, les abeilles amassent une quantité considérable de pollen pour la nourriture du couvain. C'est alors qu'on voit les bonnes ruches augmenter rapidement en population, à tel point que bientôt le panier ne pourra plus la contenir ; la production des essaims en sera la conséquence naturelle et nécessaire.

Pendant l'hiver, quand la ruche est bien garnie d'abeilles et possède en abondance toute espèce de nourriture, il y a presque toujours un peu de couvain vers le centre ou vers le haut de la masse des mouches. Plus l'hiver est doux, plus il s'en élève, ce qui est un avantage pour la saison des fleurs : la ruche y fait une moisson plus copieuse.

3° Comment les abeilles nourrissent-elles les vers ou larves ?

R. Trois ou quatre jours après que l'œuf est pondu, il en sort un ver appelé larve. Ce vers est blanc, sans pieds, et posé au fond de l'alvéole où il forme avec son corps comme un demi-cercle ; il y reste à peu près sans mouvement, même pour absorber la nourriture qui lui est présentée. Cette nourriture est une espèce de lait que forment les abeilles nourrices avec du pollen, un peu de miel et d'eau ; elles le déposent au fond des cellules, autour de chaque larve. A mesure que le ver grossit, elles lui présentent un lait plus mélangé de miel et plus sucré. Les nourrices donnent aux larves les soins les plus tendres, les visitent plusieurs fois chaque jour pour leur distribuer la portion convenable d'aliments.

Cinq jours après l'éclosion, et un peu plus quand la température est peu élevée, le ver est arrivé à sa grosseur et remplit toute la cellule qui forme son berceau. Alors les abeilles cessent de lui donner la nourriture et l'enferment dans sa case. Pendant les deux jours qui suivent cette réclusion, la larve se tourne plusieurs fois sur elle-même, se redresse et file autour d'elle une sorte de toile très-mince, dans laquelle elle se change en nymphe.

4° Qu'appelle-on nymphe ?

R. On appelle nymphe ou chrysalide le deuxième état par lequel passent les insectes avant d'arriver à l'état parfait. C'est ainsi qu'est appelée l'abeille enfermée dans sa cellule pendant douze à treize jours, temps nécessaire pour acquérir les forces et autres qualités qui la rendent capable, deux ou trois jours après sa sortie, de commencer à travailler avec ses sœurs plus âgées. Pour arriver à cet état, par diverses transformations, les abeilles ouvrières passent vingt-et-un jours ; un temps un peu plus long est nécessaire quand il fait assez froid pour empêcher les abeilles d'aller butiner à la campagne. Dès que la jeune mouche est sortie de son berceau, et elle doit le faire à l'aide de ses propres forces, les autres lui présentent du miel, la brossent et la disposent à se mettre bientôt au travail. Si elle a quelques défauts qui la rendent impropre au service, elle est impitoyablement chassée de la colonie, et meurt misérablement sur la terre où elle est abandonnée.

5° *Quels soins les abeilles donnent-elles au couvain de bourdons ?*

R. Ces soins sont absolument les mêmes que ceux qu'elles prodiguent aux ouvrières : même nourriture, même assiduité pour les visiter. Le couvain de bourdon met trois jours de plus que celui d'ouvrières pour arriver à l'état parfait, c'est-à-dire vingt-quatre jours et parfois un peu davantage. Les cellules où il est élevé sont plus spacieuses que les autres et le couvercle formé par-dessus est un peu plus gros et plus bombé, ce qui donne toute facilité de le reconnaître dans le cas où l'on voudrait en détruire à l'état de couvain.

6° *Comment est élevé le couvain des reines ou futures mères ?*

R. Les œufs qui doivent produire de jeunes reines sont

déposés dans des cellules particulières, que j'ai déjà fait connaître. Elles ont leur fond en haut et leur ouverture en bas, sans aucune forme régulière. Les vers destinés à produire des reines reçoivent une nourriture plus substantielle, plus sucrée, plus abondante, ce qui leur donne la faculté de recevoir tout le développement possible en moins de temps ; car, au seizième jour, elles sont arrivées à l'état parfait, après avoir subi les divers changements par lesquels passent les abeilles ouvrières.

Les œufs destinés à produire les futures mères sont de même nature que ceux d'ouvrières, puisque celles-ci sont autant de femelles dont l'ovaire n'a pas reçu le développement qu'il aurait pu atteindre s'il avait été placé dans des conditions favorables pour cela. Il est donc certain que tout œuf destiné à produire une abeille ouvrière peut produire une reine, si la cellule où il est placé était agrandie, et s'il recevait la nourriture en plus grande abondance et en meilleure qualité.

Ces dernières paroles nous font connaître comment une ruche qui a perdu sa reine peut s'en procurer une autre. Nous trouvons là aussi un moyen infaillible d'en procurer une à la ruche qui en manquerait et n'aurait pas d'œufs ou de jeunes larves pour arriver à ce but. Lorque ce cas malheureux est bien constaté, détachez dans un autre panier un morceau de rayon renfermant des œufs ou de jeunes vers d'ouvrières ; avec toutes sortes de précautions, et en déployant tout ce que vous avez d'adresse, coupez un rayon semblable dans la ruche orpheline et attachez ou posez l'autre en sa place :

aussitôt les abeilles donneront tous les soins à ce couvain et pratiqueront sur ce rayon ce qui a déjà été dit pour produire une jeune reine artificielle. Elle sortira en son temps pour recevoir la fécondation. Cette ruche, destinée à un dépérissement complet, reprendra par ce moyen une vie nouvelle, qui récompensera amplement la peine que vous vous êtes donnée pour elle.

Une jeune reine, arrivée à son développement, ne sort pas toujours aussitôt de sa cellule, comme l'abeille ouvrière ou le bourdon ; elle y est parfois retenue prisonnière pendant quelques jours, jamais plus de sept ou huit. Les abeilles chargées de la garder renforcent l'extrémité de l'alvéole qui la renferme et y pratiquent seulement une petite ouverture pour lui passer un peu de miel. Si elle n'est pas retenue prisonnière, elle ne peut voler que deux jours après sa sortie et se fait féconder le huitième ou neuvième jour seulement ; si elle a été retenue prisonnière, elle peut voler de suite et se fait féconder d'autant plus tôt qu'elle a été retenue plus longtemps. La fécondation s'opère comme il a été dit dans la première leçon.

7° Quelles sont les dispositions des abeilles à l'égard du couvain ?

R. Les abeilles ont pour le couvain un attachement très prononcé, toute la tendresse d'une mère pour sa progéniture. Les soins que les nourrices lui apportent sont des plus empressés ; elles lui distribuent une nourriture abondante sans rien prodiguer, et ne l'abandonnent à lui-même qu'au moment où il peut se suffire en toutes choses. Cet attachement est si fortement gravé dans leur instinct, qu'elles sont toujours disposées à se sacrifier pour sa conservation. Aussi, il est imprudent de déranger les abeilles au temps de la grande ponte et d'aller se promener ou faire quelque bruit autour de leur habitation : on s'expose à être attaqué, même assez violemment, car, à la moindre apparence de danger, elles se jettent sur tout ce qui remue où produit quelque bruit un peu violent. Dans ces attaques, outre la douleur ressentie à la suite d'une ou plusieurs piqûres, il y a une perte pour la colonie, puisque chaque abeille qui a piqué laisse son aiguillon dans la plaie et se trouve condamnée à une mort certaine dans les vingt-quatre heures.

TRAVAUX ET SOINS DU MOIS D'AVRIL.

Visitez souvent vos ruches, surtout les plus faibles en population ou en nourriture : c'est le mois le plus dangereux pour la perte des colonies, là où les fleurs nouvelles ne peuvent encore assurer des vivres suffisants. Mélangez à d'autres ruches les populations trop affaiblies en mouches ; donnez des vivres aux plus fortes qui seraient sur le point d'en manquer ; donnez-en autant qu'il leur en faut et même plus, les abeilles n'abuseront pas et vous laisseront ce qui ne leur serait pas nécessaire. En épargnant, vous vous exposez à tout perdre, et vos abeilles, et les vivres que vous leur aurez distribués. Rappelez-vous qu'il se fait à cette époque une grande consommation de miel et de pollen pour le nourrissage du couvain. S'il arrive un grand nombre de jours assez froids, veillez avec plus de soin encore à vos ruches, qui seraient bien vite au dépourvu.

Ne changez plus vos paniers de place dans le même rucher, ce qui vous exposerait à perdre beaucoup d'abeilles, qui iraient se faire tuer chez leurs voisines.

C'est l'époque ordinaire pour les semailles du printemps : appliquez-vous à propager les plantes qui produisent le miel en abondance, si vous êtes propriétaire ou cultivateur.

Vous pouvez aussi commencer à poser quelques calottes sur les ruches les plus avancées dont vous voudrez empêcher la sortie des essaims, pour récolter une plus abondante quantité de miel. Vous continuerez en mai et même en juin, sur les essaims premiers très forts et sur les ruches-mères où vous pourrez espérer qu'elles s'empliront sans nuire aux provisions qui doivent être amassées en suffisance pour l'hiver. N'oubliez pas, avant leur pose, d'y greffer un rayon de cire assez étroit, ou d'y piquer une légère baguette verticalement, qui descendra jusque sur les abeilles, les excitera à monter d'abord et à travailler ensuite. Si la calotte ne pose pas exactement sur la ruche et y laisse trop de vide, il faudra en enduire le tour de pourget.

HUITIÈME LEÇON. — MOIS DE MAI.

Les essaims.

1° Qu'appelle-t-on essaim ?

R. Un essaim ou jeton est une quantité assez considérable d'abeilles qui abandonnent leur ruche en masse compacte, accompagnées d'une reine ou mère, pour former une nouvelle colonie. On distingue les essaims naturels et les essaims artificiels ou forcés. Parmi les essaims naturels, et même forcés, il y a les essaims premiers, seconds, troisièmes, etc. Dans cette leçon, il ne sera traité que des essaims naturels premiers, tous les autres feront l'objet de la leçon suivante.

2° Quelles sont les causes qui donnent lieu à la sortie des essaims ?

R. La cause première et incontestable, c'est la loi imposée par la Providence à tout ce qui a vie, loi qui consiste dans l'obligation de se propager et de se multiplier. Pour atteindre ce but avec succès, la mère-abeille, dans toute la saison du printemps, fait une ponte tellement abondante dans les bonnes ruches, que la population y devient excessivement nombreuse. L'habitation qui la renferme devient trop étroite, la chaleur y augmente et y devient insupportable. Si les autres conditions sont remplies, c'est-à-dire s'il y naît déjà quelques bourdons, si de jeunes reines existent au berceau, une partie de la colonie s'échappe et va chercher ailleurs une demeure plus commode.

3° Quelles sont les causes qui peuvent nuire à la production ou à la sortie des essaims?

R. Une ruche trop peu populeuse, et qui aura de la peine à se remplir dans tout le cours de l'été, ne donnera pas d'essaim. Les temps froids et pluvieux qui succèdent aux premiers beaux jours du printemps, surtout à l'époque où les ouvrières devraient butiner davantage, les empêcheront ou les retarderont considérablement. La ponte est retardée ou diminuée pour défaut de nourriture, surtout en pollen, ce qui peut nuire également à la production des essaims. Une trop grande abondance de miel dans les rayons peut être aussi un obstacle, parce qu'il ne reste pas assez de cases vides pour élever du couvain, de façon à donner une population surabondante. Les ruches trop grandes donnent aussi moins d'essaims que les petites, qui sont plus vite remplies.

La situation du rucher peut aussi contribuer à retarder les essaims ou à les empêcher; s'il est sur des hauteurs ou exposé à des vents violents, ou bien dans des vallées trop fraîches et trop ombragées, il y aura certainement moins d'essaims et ils subiront encore un retard regrettable, qui sera peut-être la cause d'une faiblesse telle, qu'ils ne pourront amasser des provisions suffisantes pour l'hiver. La situation la plus avantageuse pour un nombre raisonnable d'essaims est donc naturellement l'abri à mi-côte, ainsi que la proximité des fleurs, des vergers, des bois où croissent le coudrier, l'aune, le saule, etc.

4° Quels sont les signes qui indiquent la sortie prochaine des essaims ?

R. Quand les bourdons commencent à éclore et que vous les voyez sortir avec bruit, entre onze et trois heures, veillez sur votre rucher et préparez-vous à loger bientôt des essaims. Si vous voyez vos abeilles s'amasser en grand nombre à l'entrée des ruches, y faire *barbe*, comme on dit, ne les perdez pas de vue, si le temps est fort chaud et même un peu à l'orage. Si, le soir, vous entendez un bourdonnement plus fort que d'ordinaire, comptez que vos ruches vous donneront des essaims sous peu de jours. Quand vous voyez des abeilles dans une sorte d'inquiétude sortir de la ruche sur le menton du plateau et y rentrer en toute hâte ; quand vous en remarquerez quelques-unes tournant autour des bâti-ments, comme pour chercher un lieu de réfuge ; quand il y a un calme assez subit après des moments d'agitation, pendant que d'autres ruches plus faibles paraissent se donner plus de mouvement, c'est la marque d'un essaim pour le jour même, ou au plus tard pour le lendemain, si le temps continue à être beau. Enfin, vous voyez les abeilles se grouper en plus grand nombre à l'entrée de la ruche ; il règne dans l'intérieur un certain désordre, les ouvrières courent sur les rayons comme pour donner le signal du départ ; après peu d'instants, l'essaim commence à sortir.

Remarque. — Pendant la durée de la saison des essaims, on voit souvent un grand nombre d'abeilles dans les cheminées ou à l'entrée de certaines fissures de quelques murs : ce sont des chercheuses chargées de trouver et de préparer un logement ; laissez-les faire, elles ne vous nuiront en rien et finiront par disparaître peu à peu ; à la fin de l'essaimage, vous n'en verrez plus une seule.

5° *Qu'y a-t-il à remarquer sur la sortie des essaims ?*

R. L'ordre du départ a été communiqué à toute la ruche, les abeilles se précipitent en foule au dehors, avec un bourdonnement particulier que chaque apiculteur sait facilement reconnaître et distinguer de tout autre. Dès que l'essaim est entièrement sorti, il se tient en l'air pendant un peu de temps, et bientôt il cherche dans le voisinage du rucher un endroit convenable pour s'y fixer à l'abri du vent ou des ardeurs du soleil. Il faut les regarder, sans inquiétude et ne leur lancer de l'eau avec un balai de roseaux ou de la poussière, que s'il tardait trop longtemps à se fixer, paraissant vouloir s'élever plus haut et vous échapper. Il est parfaitement inutile de faire du bruit en quelque manière que ce soit, de produire des gestes ou de proférer des paroles, qui n'arrêteront jamais un essaim s'il a volonté de partir.

Dans le plus grand nombre de cas, l'essaim, après s'être balancé un peu de temps dans l'air, finit par se fixer à la branche d'un arbre, dans un buisson, dans une haie, où il forme une masse assez volumineuse, en forme de grappe de raisin. Si devant votre rucher, ou à proximité, il n'y avait pas d'arbre ou de haie, vous devriez y établir un reposoir artificiel, composé de deux ou trois fagots mis l'un contre l'autre, ou bien encore suspendre à un ou deux piquets une forte poignée de branches garnies de leurs feuilles. On pourrait aussi planter sans racines deux ou trois sapins peu élevés ou quelque autre arbre.

6° *Comment faut-il s'y prendre pour amasser les essaims ?*

R. Il y a des situations où cette opération est très-facile, d'autres où elle est plus ou moins difficile ; je vais les exposer successivement.

Dès que votre essaim est bien fixé, vous vous couvrez de votre camail, si vous le voulez, c'est toujours prudent, et vous vous mettez en mesure de l'amasser.

S'il est posé à une branche d'arbre peu élevée et flexible, vous présentez simplement votre ruche de la main gauche sous le groupe de mouches, vous secouez la branche d'un ou de deux coups secs, soit avec la main droite, soit avec un crochet. Toutes les abeilles y tombent. Vous descendez alors votre panier assez doucement, vous approchez de la tablette préparée devant vous le bord du panier le moins garni de mouches, vous le retournez sans préci-

(*Fig.* 35.) Réception d'un essaim.

pitation et en appuyez le bord opposé sur un bâton passé au travers du plateau ou sur une cale quelconque. Vous couvrez d'un linge votre ruche du côté du soleil et vous laissez entrer paisiblement ; vous secouez de nouveau la branche où quelques abeilles restent attachées ; si elles persistent à y remonter en grand nombre, vous enfumez cette place ou vous y posez une herbe à odeur forte et désagréable aux mouches. Après une demi-heure ou trois-quarts d'heure, quand tout est à peu près monté dans la ruche, vous pouvez l'enlever avec la tablette et la mettre de suite en place à quelque distance de la colonie d'où est sorti votre essaim. Ne vous inquiétez nullement de quelques abeilles qui voltigent encore, elles sauront retrouver leur panier ou retourneront à la ruche-mère. Vous pouvez aussi attendre le soir pour mettre votre essaim en place, quand tout est bien rentré. Mais alors, le lendemain, un certain nombre reviendront au même lieu, inconvénient que l'on évite en l'enlevant peu après sa mise en ruche.

Quand un jeton s'est posé à terre ou dans des herbes, placez simplement votre panier par-dessus, en l'appuyant sur une ou deux pierres ; les abeilles y monteront ordinairement d'elles-mêmes ; si elles tardaient trop à le faire, il faudrait les y contraindre avec un peu de fumée ou en soufflant dessus.

Si votre essaim s'est fixé dans une haie vive ou de bois mort, il faut détourner ou couper les quelques branches qui pourraient vous empêcher d'approcher votre panier, secouer dedans le groupe principal, ou l'y faire tomber au moyen d'un balai doux ou d'un plumeau ;

vous posez alors votre ruche sur sa tablette. Quant au reste des abeilles, vous pouvez les enfumer pour les faire déloger et les forcer à la réunion, ou les secouer dans une ruchette que vous posez à côté de l'autre.

Il peut arriver qu'un jeton s'arrête à une branche au-dessus d'une rivière ou d'une mare d'eau. Pour ce cas, vous avez à choisir entre deux moyens : le premier est d'attacher votre ruche du mieux possible au bout d'une perche tenue horizontalement ; vous l'avancez sous le groupe de mouches, vous secouez, ou plutôt vous faites secouer par un autre, assez doucement et avec toute précaution, pour ne pas faire tomber d'abeilles dans l'eau. Vous retirez aussitôt votre ruche à vous et la placez le plus près possible du lieu où vos mouches s'étaient fixées. Si un certain nombre retourne à la même place, prenez toujours garde à l'eau, en les faisant déloger. — Le second moyen consiste à établir, s'il est possible, un échafaudage au-dessus de l'eau, avec chevrons et planches, pour vous mettre à portée du groupe de mouches ; vous amassez alors comme à l'ordinaire.

Votre essaim a pu se fixer à une branche assez élevée ; dans ce cas, il y a trois moyens de le recueillir. Liez un tablier autour de votre ruche, tournée l'ouverture en haut ; montez ensuite, avec une échelle, la ruche en main, auprès de la masse de mouches ; vous secouez, ou plutôt vous faites secouer par un autre à l'aide d'un crochet et aussitôt vous rabattez le tablier par-dessus la ruche pour empêcher un grand nombre d'abeilles de reprendre leur volée ; descendez alors et posez-la sur terre. Le second moyen consiste à attacher solidement la ruche au bout d'une fourche à dents de fer et à long manche. Présentez-la sous l'essaim et faites-y tomber les abeilles en secouant comme il vient d'être dit précédemment. Descendez votre panier en reculant de quelques pas, posez-le sur terre et détachez rapidement la fourche. Dans chacun de ces cas donnez quelques secousses après la principale opération faite, pour empêcher les abeilles de se grouper en trop grand nombre à la place qu'elles occupaient. Si vous n'avez pas obtenu le succès voulu, ce qui pourrait arriver si la reine avait pris son vol pour rejoindre le lieu de l'essaim, vous attendriez qu'il fût de nouveau bien amassé, et vous recommenceriez comme auparavant.

Si vous ne pouviez atteindre avec une échelle jusqu'à votre essaim, ni présenter une ruche par-dessous, au bout d'une fourche, il faudrait alors aviser à un autre moyen. Vous prenez un long cordeau et vous montez sur l'arbre ; quand vous êtes à proximité des abeilles, vous passez un bout du cordeau par-dessus une branche plus élevée, et vous l'attachez solidement aussi près que possible du groupe de mouches. Vous coupez alors les petites branches qui sont autour, et, avec une scie à main, vous sciez doucement celle où elles sont fixées ; vous descendez alors le tout avec grande précaution en faisant glisser le cordeau. Dès que l'essaim est arrivé presque à terre, quelqu'un le reçoit et le secoue dans une ruche ; si vous êtes seul, vous fixez votre cordeau par un nœud à une branche, et vous descendez pour loger votre essaim. Si vous craignez qu'il se détache des abeilles du groupe en les descendant, attendez le soir ;

à ce moment elles sont plus serrées et moins exposées à se séparer.

Si l'essaim s'arrête contre un mur, des planches, un tronc d'arbre, entre deux grosses branches, ou à une branche qu'on ne peut faire mouvoir, prenez soit un plumeau, soit un balai assez doux, ou une poignée de jeunes branches garnies de leurs feuilles ; faites tomber le plus d'abeilles que vous pourrez dans le panier et posez à terre ; puis, avec de la fumée, faites partir les autres qui se réuniront à la ruche, et la reine elle-même, si elle n'y était pas.

Quand vos abeilles vont se caser dans le trou d'un mur ou dans un arbre creux, c'est alors qu'il se présente d'assez sérieuses difficultés pour s'en saisir, surtout si elles y sont logées depuis quelques jours. Assurez-vous d'abord de l'endroit qu'elles occupent ; puis, couvert de votre camail, pratiquez au-dessus de ce lieu une ouverture, et placez-y votre ruche en l'attachant du mieux possible. Envoyez alors de la fumée par le trou qui sert d'entrée aux abeilles ; redoublez la dose si elles se montrent difficiles, et modérez quand vous avez lieu de croire que la reine est montée dans le panier. Fermez alors le bas avec une poignée de terre molle. Attendez vers le soir pour enlever la ruche, et transportez-la à trois kilomètres, si l'essaim était fixé depuis plusieurs jours en ce lieu. Vous pourriez aussi, si vous n'y voyez aucun inconvénient, la laisser sur place en la descendant presque à terre.

S'il se présentait d'autres cas non mentionnés ici, vous pourriez très-bien, d'après les diverses méthodes qui vous sont indiquées, trouver le moyen pratique pour amasser votre essaim.

7° Qu'y a-t-il encore à remarquer concernant les essaims ?

R. La reine peut être tombée à terre ou dans des herbages ; l'essaim peut rentrer dans la ruche d'où il est sorti quelques instants auparavant. Je vais vous indiquer ce que vous avez à faire dans ces circonstances.

Lorsque vous voyez les abeilles se maintenir assez longtemps en l'air sans se fixer, il est à soupçonner que la mère est tombée à terre à peu de distance de la ruche ; cherchez, et, si vous voyez une petite pelote d'abeilles quelque part, elle est au milieu. Prenez-la dans un verre ou dans votre main, placez-la au plus fort des abeilles sur une branche, et bientôt elles s'amasseront autour ; vous pourriez la mettre dans une ruche et, la tenant à la main, l'ouverture un peu en l'air, il est possible que l'essaim y arrive ; vous pourriez même la garder sur votre main, et les abeilles viendraient peut-être s'y fixer. Un autre moyen encore, beaucoup plus sûr, serait de mettre la reine dans un panier que vous iriez poser en place de la ruche-mère, et l'essaim ne tarderait pas certainement à s'y réunir.

Un jeton, après s'être déjà fixé en un lieu quelconque, peut rentrer dans son ancienne ruche ; c'est qu'alors la reine n'était pas sortie, ou bien qu'elle est tombée quelque part sans qu'il soit possible de la retrouver, ou bien encore les abeilles, contrariées par le vent ou un peu de pluie, rentrent, la reine avec elles, dans la ruche mère. Ce fait regrettable peut même arriver après que l'essaim a été logé. Si l'on s'en aperçoit à temps, il faut enlever la ruche-mère et en poser une vide en sa place, l'essaim y entrera et on pourra le laisser là ; la vieille ruche sera mise ailleurs ; si les abeilles y paraissent tranquilles et se mettent aussitôt au travail, c'est un indice que la reine est avec elles, et vous êtes assuré d'avoir bien réussi ; si au contraire, les abeilles s'agitent et sortent en grand nombre autour de la ruche, sans trop savoir où se rendre, vous jugez que la reine n'y est pas ; il faut alors remettre bien vite en sa place la ruche-mère, et les abeilles de l'essaim manqué y rentreront pour en sortir peut-être plus tard avec une jeune reine qu'elles élèveront.

Quand la reine est rentrée avec le jeton dans la ruche-mère, ne vous inquiétez pas à son sujet ; il sortira de nouveau après peu de jours, et même dès le lendemain, si le temps est favorable.

Quand un essaim rentre dans sa ruche, il se fixe d'abord en masse tout autour et par-dessous ; si dans ces groupes vous trouviez la reine, vous pourriez la prendre, la placer dans une ruche vide que vous mettez en place de la vieille ; celle-ci, vous l'enlevez ailleurs ; il s'y rendrait un bon nombre d'abeilles, et votre essaim serait fait de cette manière. S'il n'était pas assez fort, changez-le de place peu de jours après avec sa ruche-mère, ou toute autre très populeuse, et il se fortifiera ainsi. En le laissant à sa place, vous pourriez encore le fortifier par un mélange, selon la méthode qui sera indiquée dans la leçon neuvième.

8° Qu'y a-t-il à faire quand plusieurs essaims partent en même temps ou à peu d'intervalle l'un de l'autre et s'amassent ensemble ?

R. Ce cas, fort rare dans les petits ruchers, se présente assez souvent dans les grands qui atteignent 15 à 20 ruches et plus, et cause à leur propriétaire un certain embarras. Voici ce que vous avez à faire : dès qu'il s'est amassé un petit groupe d'abeilles quelque part, secouez-le vite dans une ruche que vous posez à terre, appuyée sur une forte cale ; examinez bien s'il s'en forme un autre à peu de distance ; dès que vous le remarquez, faites la même chose que pour le premier, et ainsi de suite pour un troisième, etc.; puis laissez aller le tout. Vos essaims seront ainsi séparés s'il y a une mère dans chaque ruche. Si vous voyez le soir qu'un essaim soit trop fort et l'autre trop faible, prenez une cuiller en bois et faites-en tomber, autant qu'il en faut de la ruche forte auprès de la ruche faible, pour faire l'égalité.

Si tout se rassemble en une seule grappe, ou dans la même ruche, à moins que les deux ne fassent qu'un bon essaim ordinaire ou très-peu au-delà, il faudra vous disposer à les séparer dès qu'elles seront bien amassées. Pour y arriver, creusez à côté de la ruche un trou plus long que large ; mettez un peu de paille douce au fond et un bâton en travers de sa longueur. Apprêtez ensuite une ruche vide ; secouez alors la ruche pleine sur le milieu du bâton ; posez-la ensuite à un bout du trou, et la vide sur l'autre bout. Les deux reines, qui se fuient ordinairement dans le premier abord, se dirigeront cha- cune dans une ruche, et des abeilles, en nombre suffisant les suivront; la séparation sera faite ainsi. Si, cependant, vous voyez vos abeilles se réunir peu de temps après dans une seule ruche, recommencez la même opération une deuxième et même une troisième fois. Si elles ne réussissent pas mieux que la première, laissez vos mouches en paix, il n'y a qu'une seule reine. Si la ruche était trop forte, vous pourriez profiter de l'occasion pour en fortifier une faible, par le moyen indiqué plus haut et dans la leçon suivante pour les divers mélanges.

Si vous avez trois et même quatre essaims amassés ensemble, procédez avec autant de ruches que vous voulez faire de colonies séparées : puis égalisez le mieux qu'il vous sera possible. Si vous pouviez voir les mères dans la masse des abeilles, après les avoir secouées, vous dirigeriez chacune d'elles vers une ruche ; si vous n'en voyez qu'une, dirigez-la du côté où il va le moins de mouches ; vous pouvez la pousser ou la prendre avec une cuiller ordinaire. Si une ruche paraît trop s'emplir aux dépens des autres, éloignez-la quelque peu avec précaution, pour ne pas écraser d'abeilles.

C'est à l'époque des essaims et surtout dans ces circonstances un peu difficiles, qu'il faut être industrieux et bien savoir son métier. C'est aussi à cette époque qu'il faut, pour ainsi dire, former son rucher, en ne laissant pas trop dépeupler les vieilles ruches par une abondance extraordinaire d'essaims, et en assurant aux nouvelles un poids ou un nombre suffisant d'abeilles.

9° *Que faut-il faire quand un essaim sort pendant qu'un autre commence à entrer dans son nouveau logement ?*

R. Il faut couvrir cette ruche d'un drap, jusqu'à ce que le suivant se soit fixé à une branche et qu'il n'y ait plus aucune crainte de réunion, l'enlever à la place qui lui est destinée, aussitôt que les abeilles sont à peu près montées et logées.

10° *Quel poids doit avoir un bon essaim ?*

R. Pour bien connaître le poids et apprécier la valeur d'un essaim, il faut auparavant avoir pesé la ruche vide et en avoir inscrit le chiffre en un endroit bien visible ou sur un registre, si vos ruches sont numérotées. Le soir même, ou le lendemain matin, vous pesez la ruche pleine ; si le tout dépasse de deux kilogrammes le poids de la ruche vide, votre essaim est assez fort, surtout s'il est des premiers. Sur la fin de l'essaimage, et dans les contrées peu fournies en fleurs, il serait bon qu'ils atteignissent deux kilogrammes et demi ou même trois. Au-dessous de ce poids, il faudra les augmenter par des mélanges, comme il sera dit à la leçon suivante.

Les abeilles, en quittant leur ruche pour former une nouvelle peuplade, se fournissent d'une provision de miel pour au moins trois jours ; elles sont donc un peu plus lourdes alors qu'en temps ordinaire. Un kilogramme d'abeilles chargées de miel en contient environ 9,500 ; en dehors de cette circonstance, dans le même poids, il y aurait près de 11,000 abeilles.

11° *Quelle différence de travail y a-t-il entre un essaim pesant un kilogramme et un autre qui en pèserait deux ?*

R. Cette question est très-importante en apiculture ; elle demande à être bien méditée et bien comprise ; la réussite est souvent à ce prix. Un moulin ayant deux paires de meules fera deux fois autant d'ouvrage que celui qui n'en a qu'une ; il n'en sera pas de même entre deux essaims dont l'un est une fois plus fort que l'autre en population. Pendant que la ruche ayant 10,000 abeilles amasse 500 grammes de miel, vous pensez que celle qui en a 20,000 amassera 1,000 grammes ou un kilogramme ; eh bien ! non ; elle en recueillera quatre fois autant que la première et peut-être plus, c'est-à-dire deux kilogrammes ; c'est là un fait bien constaté par l'expérience. En voici l'explication, qui vous en donnera une parfaite intelligence : dans la ruche, il faut, je suppose, 5,000 abeilles pour les travaux intérieurs ; dans la plus petite il en restera donc 5,000 seulement pour aller aux champs, et dans l'autre, il y en aura 15,000. Le nombre de celles qui recueillent le pollen est aussi à peu près égal de part et d'autre, fixons-le à 2,000. Dans la plus faible colonie, 3,000 seulement amasseront du miel, et dans la plus forte il en reste 13,000 pour cette fonction. Il est donc bien clair que 13,000 abeilles amassent quatre fois plus que 3,000 et même au-delà ; le pesage des ruches, chaque jour, le montre plus sûrement encore. Voilà ce qui explique pourquoi il faut faire de forts essaims ou des ruches très populeuses pour avoir une abondante récolte en miel ; disons la même chose pour les chasses.

12° *Y a-t-il quelques moyens de provoquer ou avancer la sortie des essaims naturels ?*

R. On peut répondre oui, mais avec une certaine réserve. Il faut avant tout que la ruche soit dans de bonnes conditions pour jeter : forte en mouches, possédant des reines au berceau, et qu'on y remarque des bourdons. Voici le moyen à employer : vous versez par le haut de la ruche, environ 100 grammes de miel au milieu des abeilles ; elles l'absorbent assez rapidement, ce qui forme un excédent de chaleur et les met dans l'état de celles qui sont pour essaimer bientôt ; ce procédé peut donc provoquer leur sortie pour le jour même ou pour le lendemain. Il faut aussi pour cette opération choisir un temps favorable aux essaims ; sachez bien cependant que vous n'aurez pas toujours le résultat que vous désirez.

13° *Un essaim de l'année peut-il en produire un autre la même année ?*

R. Oui, mais c'est assez rare dans le nord de la France, un peu plus commun dans le midi et autres contrées plus chaudes, comme l'Italie, l'Algérie. Ces sortes d'essaims appelés ordinairement rejetons, ne sont donnés que par des essaims très-forts, sortis les premiers et seulement en année très-favorable. En général, ils sont plutôt une perte qu'un gain ; car ils affaiblissent considérablement leur ruche-mère et sont exposés par leur sortie tardive à ne pas trouver des vivres suffisants pour passer la saison d'hiver. Il est bon de les traiter comme des essaims secondaires, dont il sera question dans la leçon suivante, c'est-à-dire les mélanger avec d'autres. On pourrait encore, pour le bien, en rendre moitié à la ruche-mère et avec le reste fortifier une autre qui serait un peu trop faible.

14° Peut-on connaître d'où un essaim est sorti, en cas de contestation entre deux apiculteurs ?

R. Oui, et voici par quel moyen : prenez sur l'essaim à la branche, ou même déjà logé, une cinquantaine d'abeilles dans un verre où vous aurez mis deux ou trois pincées de farine ; allez à cent mètres de là et lâchez alors. Un certain nombre rentreront dans la ruche-mère et on les reconnaîtra à leur teint enfariné. On saura clairement alors à qui appartient l'essaim contesté.

15° Comment faut-il remplacer les mères trop vieilles, et comment peut-on les reconnaître ?

R. Il y a deux moyens pour juger qu'une mère est devenue vieille : le premier, c'est quand une ruche n'essaime pas, quoiqu'elle ait des abeilles en surabondance, ou qu'elle dépérit peu à peu ; le second, c'est d'avoir peint sur chaque ruche un numéro d'ordre que l'on reporte sur autant de pages d'un registre ; à cette page, vous inscrivez tout ce qui concerne la ruche portant tel numéro, et surtout l'âge de la reine, dès que vous pouvez le connaître.

Pour renouveler la mère, commencez par chasser toutes les abeilles, comme s'il s'agissait de faire un essaim artificiel ; vous vous assurez s'il y a des œufs d'ouvrières ou des larves assez jeunes pour produire une autre reine ; en cas qu'il n'y en ait pas, vous y introduisez un rayon pris ailleurs qui en renferme. Vous cherchez alors la vieille mère au milieu des abeilles et vous la détruisez ; vous réintégrez ensuite les mouches dans leur habitation, où elles s'empressent d'élever une ou plusieurs jeunes reines. Si cette ruche essaime par suite de cette opération, rendez-lui ses abeilles le lendemain, à moins que vous la jugiez encore assez forte en population et bien fournie de provisions pour l'hiver, ou capable d'en acquérir.

TRAVAUX ET SOINS DU MOIS DE MAI.

Voici l'époque des essaims, celle qui est la plus importante pour le propriétaire d'abeilles. Dès les premiers jours de mai, et même plus tôt dans le midi, préparez vos paniers en nombre suffisant pour loger les jetons que vous attendez, ainsi que les tablettes et les paillassons ; ayez plutôt trop que pas assez. Si vos ruches sont vieilles, passez-les un instant à la flamme pour détruire les œufs de fausse-teigne qu'elles contiendraient. Quand vous croyez à peu près arrivé le jour où vos ruches commenceront à donner des essaims, ne vous éloignez pas trop de votre rucher depuis 9 heures jusqu'à 3 heures environ dans les beaux jours. Ayez votre camail sous la main ; il est toujours bon de s'en servir, surtout si les essaims sortent par le vent et s'ils sont difficiles à amasser. Ayez aussi vos ruches vides à votre portée, vos tablettes, un enfumoir, de l'eau dans un vase et un balai de fleurs de roseau, deux ou trois crochets de plusieurs longueurs, un plumeau ou une aile d'oie, des linges pour couvrir vos ruches quand l'essaim y est introduit.

Posez des calottes sur les ruches où vous avez lieu d'espérer qu'elles seront facilement remplies, et si l'année se présente bien favorable à la production du miel.

NEUVIÈME LEÇON. — MOIS DE JUIN.

Suite des essaims.

Trois questions principales seront traitées dans cette leçon : les essaims seconds ou secondaires, leurs mélanges, les essaims artificiels.

1º *Qu'appelle-t-on essaim second ou secondaire ?*

R. Une colonie peut donner, dans la même quinzaine, deux, trois jetons et même plus en certaines années. Le premier part avec la vieille mère ; huit à dix jours après, quelquefois plus tôt, il peut partir de la même ruche un deuxième essaim, accompagné d'une ou de plusieurs jeunes reines : c'est ce qu'on appelle essaim secondaire ; les troisièmes et autres peuvent être compris sous la même désignation, parce que, eux aussi, sont accompagnés par de jeunes reines ; je ne ferai entre eux aucune distinction, puis qu'ils doivent être traités de la même manière.

2º *Peut-on savoir, et à quels signes, si une colonie donnera un essaim secondaire ?*

R. Quelques jours après le départ d'un essaim premier, allez le soir poser l'oreille contre votre ruche ;

écoutez attentivement pendant quelques instants ; si vous entendez au milieu du bourdonnement un léger cri semblable à celui du grillon, répété sur des tons différents et sur plusieurs points de la ruche, soyez assuré d'un essaim second pour le lendemain ou dans les trois jours au plus tard, si le temps est à peu près beau. Ces petits cris sont produits par les jeunes reines retenues dans leurs cellules, ou déjà sorties depuis quelques jours. Marquez cette ruche d'un signe et veillez-y aux heures de la sortie des essaims. Allez ensuite écouter auprès d'autres que vous soupçonnez pouvoir être dans le même cas, et marquez-les aussi. Quand elles ont donné un essaim second, allez écouter encore ; si le même cri se renouvelle, vous devez en attendre un troisième, et ainsi de suite, à moins de mesures prises par vous pour les empêcher.

Si parmi vos ruches plusieurs ne donnent aucun essaim dans une année, il y en aura aussi qui, après un premier jeton n'en donneront pas de second. Le départ du premier a quelquefois fortement épuisé la ruche et il ne reste plus assez d'abeilles pour une seconde émigration.

Ce qui peut encore empêcher un essaim second, même dans une ruche populeuse, c'est la saison des fleurs qui se passe. Dans ce cas, estimez-vous heureux de ne plus en avoir, parce que plus tard ils ne vous causeraient que des embarras et des inquiétudes. N'imitez pas certains possesseurs d'abeilles qui se réjouissent d'avoir beaucoup de jetons, même des deuxièmes et troisièmes, et s'en glorifient en toute occasion. Ils ne connaissent pas encore leurs vrais intérêts, ni la vraie science en apiculture.

Les essaims troisièmes, quand malheureusement il y en a, opèrent leur sortie trois ou quatre jours après les seconds, et les quatrièmes quelquefois dès le lendemain des troisièmes. Vingt jours après l'essaim premier, et même plus tôt, si l'on n'entend plus chanter de jeunes reines, il ne faut plus attendre d'essaims seconds ou d'autres, parce que la dernière jeune reine doit être éclose à cette époque ; elle aura livré combat à d'autres du même âge ou plus jeunes et sera seule restée maîtresse du champ de bataille.

Les essaims seconds étant composés en grande partie de jeunes abeilles bien vigoureuses et de plusieurs jeunes reines non encore fécondées, ont une tendance plus marquée que les premiers pour s'envoler au loin. Il faut donc les amasser et les loger au plus vite ; malgré cette précaution, vous en verrez quelques-uns disparaître à vos yeux pour toujours. C'est en vain que vous essaierez de les suivre, leur vol étant très-rapide dès qu'ils sont lancés en plein air. C'est une perte, il est vrai, mais elle peut être compensée par d'autres essaims égarés qui viendront s'abattre aux environs de votre rucher ou se mêler à quelques-uns de vos essaims du jour.

Le poids des essaims seconds est toujours inférieur à celui des premiers ; rarement ils atteignent 1 kilogramme 1/2 ou 3 livres. Les troisièmes et quatrièmes sont plus légers encore. Il y a donc nécessité d'en mélanger plusieurs ensemble, comme il sera dit plus loin.

3° Est-ce un avantage d'avoir des essaims seconds ?

R. Non, généralement, par la simple raison qu'ils affaiblissent beaucoup trop la ruche-mère ou souche, et l'exposent à dépérir plus tard. Chacun a pu se convaincre de ce fait par sa propre expérience. Il est donc bon quelquefois de les empêcher d'avoir lieu, et voici quelques moyens mis en usage par certains apiculteurs : le premier est de donner une hausse ou une calotte à la ruche-mère aussitôt la sortie de l'essaim premier ; ce moyen réussira assez souvent. Le second est de découvrir avec une lame de couteau les alvéoles contenant des bourdons à l'état de nymphes ; c'est assez facile à exécuter à cause de la proéminence du couvercle. Pour y arriver, commencez par enfumer votre ruche comme si vous deviez en chasser les abeilles. (Voir la théorie de l'enfumage, à l'article des essaims artificiels). Retournez-la l'ouverture en haut et taillez assez rapidement ; essuyez votre couteau après chaque coup et trempez-le dans l'eau avant de recommencer. Un troisième moyen serait de saisir une jeune reine dans un essain second du jour, qui en aurait plusieurs, et de l'introduire dans la ruche qui vient de donner un essaim premier ; si elle est adoptée, vous êtes certain que cette ruche n'essaimera pas deux fois, parce que cette jeune mère ira bientôt détruire dans leur berceau celles qui devaient éclore un peu plus tard. Un quatrième moyen serait d'enlever la ruche-mère en un autre endroit du rucher et de mettre l'essaim en sa place ; elle serait ainsi affaiblie au point de ne pouvoir donner un second essaim.

3° Ne pourrait-on pas rendre les essaims seconds à la ruche d'où ils sont sortis ?

R. Oui, et ce serait bien avantageux dans les localités et dans les années peu fertiles en miel ; je vous conseille donc de la pratiquer dans ces circonstances et d'autres encore, par exemple, si vous avez posé une calotte sur votre ruche-mère et que, malgré cela, un essaim en soit sorti. Voici comment il faut procéder : vous recueillez votre essaim dans une ruche, comme si vous deviez l'y conserver, et vous la placez le soir, ou même plus tôt, auprès de la ruche-mère ; le lendemain matin, ou le soir au plus tard, vous le faites tomber à l'entrée de la ruche d'où il est parti, et les abeilles s'y introduisent aussitôt. Vous pouvez être tranquille sur cette colonie, qui n'essaimera plus et restera toujours de première qualité. Si vous ignorez de quelle ruche est sorti votre essaim secondaire, vous pouvez essayer de la reconnaître par le moyen indiqué page 116, pour un jeton sur la possession duquel il y a doute entre deux apiculteurs. Si vous ne pouvez la découvrir, faites-en ce que bon vous semblera.

Quant aux essaims troisièmes, s'il vous en vient, il n'y a pas à balancer : dans votre intérêt, rendez-les toujours à la souche d'où ils sont sortis, quand même ce serait une ruche dont vous vous proposez de tirer miel et cire dans peu de temps ; d'abord vous récolterez un peu plus de miel, et votre chasse sera plus forte en mouches ; vous serez aussi assuré qu'il y a une reine. Si vous ignorez de quelle ruche il est sorti, et que vous ne puissiez pas le savoir par le moyen indiqué plus haut, mélangez-le, le soir, à quelque ruche faible, en enfumant, ou laissez-le seul pour y mélanger plus tard une ou deux chasses. Vous devrez alors le placer entre deux ruches que vous devez chasser.

5° *Comment faut-il traiter les essaims seconds dans le cas où l'on ne jugerait pas à propos de les réunir à leur souche ?*

R. Il a déjà été dit que, pour obtenir de brillants succès en apiculture, il fallait n'avoir que des ruches fortes en population. C'est donc une erreur des plus funestes de croire que l'on sera riche en abeilles parce qu'on aura beaucoup de colonies, et pour cela de laisser seuls tous les jetons que vous recueillerez. Vous mélangerez donc vos essaims seconds en en logeant deux ou trois ensemble, et voici comment vous devez procéder : si vos essaims sont du même jour, mélangez-les le soir sans enfumer ; creusez pour cela en terre un trou de 15 centimètres de profondeur et un peu moins large qu'une ruche ; mettez au fond quelques brins de paille molle, secouez-y alors d'un coup sec vos abeilles et mettez aussitôt par-dessus la ruche dans laquelle vous voulez les introduire. Si vos essaims sont de différents jours, employez les mêmes moyens ; mais auparavant enfumez la ruche où vous voulez opérer le mélange. Observez que cette ruche, ayant déjà quelque travail peu solide à cause de sa nouveauté, doit être maniée très doucement, soit pour la transporter, soit pour l'enfumer ou la poser sur les abeilles secouées en terre. Ne l'inclinez pas non plus d'un côté ou d'un autre.

Vous laissez votre ruche passer la nuit en ce même lieu, et vous la remettez en place le lendemain avant la sortie des abeilles pour aller butiner.

Plus la saison avance, plus aussi il faut faire de fortes ruches par un ou plusieurs mélanges, afin de leur assurer, par ce moyen, des vivres pour l'hiver ; quand même il y aurait 10 à 12 jours et plus qu'un essaim second est amassé, ne manquez pas d'en mélanger d'autres avec lui, s'il en advient encore; s'il ne vous en arrive plus, réservez-lui les abeilles d'une ou deux chasses, que vous mélangerez comme il vient d'être dit pour les jetons.

Quand des ruches sont trop faibles au printemps pour se remonter dans le cours de l'été, il faut nécessairement, si vous avez jugé à propos de les laisser aller ainsi, les fortifier, et c'est au temps des essaims seconds ou des chasses qu'on doit le faire. A cette époque, visitez donc avec soin vos ruches, pour vous assurer qu'il n'y en a pas de trop faibles ; ne croyez pas perdre quelque chose en leur ajoutant un surcroît de population ; persuadez-vous, au contraire, que par ce fait vous réalisez un bénéfice véritable. Si vous avez lieu de croire que votre ruche reste faible et languissante à cause de la vieillesse de la mère, faites-la périr, comme il est dit page 116, avant de réunir vos mouches à cette colonie : vous lui assurez par ce moyen une jeune reine.

Voici encore un excellent moyen pour fortifier les ruches faibles à l'époque des grands travaux des abeilles, en mai, juin et août, quand fleurissent les

sarrasins : vous choisissez une ruche forte en population
et en nourriture ; vous prenez de préférence celle qui
aurait pu essaimer depuis quelque temps et ne le fait
pas, vous l'enfumez fortement, ainsi que la ruche
faible, pendant que bon nombre d'abeilles sont aux
champs. Aussitôt, vous les décollez et vous les enlevez
pour les changer de place sans changer les tablettes.
Les abeilles de la ruche forte, revenant des champs,
entrent dans la faible dont la population reçoit ainsi
une augmentation considérable. Pendant un quart-
d'heure au moins ayez l'œil sur ces deux ruches et
lancez-leur quelques bouffées de fumée, si l'accord
n'était pas parfait et que certaines abeilles se permissent
d'attaquer les autres. C'est le soir que vous jugerez du
succès obtenu.

6º *Qu'appelle-t-on essaim artificiel ?*

R. Un essaim artificiel ou forcé est celui que l'on tire
soi-même d'une ruche dans les conditions que j'indi-
querai dans une question suivante.

7º *Y a-t-il quelque avantage à faire des essaims artificiels ?*

R. Oui, et le premier c'est que vous n'êtes pas exposé
à perdre vos essaims par leur départ au loin ; ce fait
est assez rare, il est vrai, pour les essaims premiers,
mais encore est-il bon de n'avoir aucune crainte à cet
égard. Le deuxième, c'est que vous n'êtes pas obligé
de passer un temps considérable et souvent précieux à
garder vos ruches, surtout si vous n'en possédez qu'un
petit nombre. Un troisième, c'est que votre essaim

artificiel ayant une avance de sept à huit jours, il aura plus de vivres en magasin pour passer l'hiver facilement. J'ajouterai aussi que, dans les trois ou quatre jours, et même plus parfois, qui précèdent la sortie de l'essaim naturel, les abeilles travaillent ordinairement peu, et c'est une perte réelle dans un temps où les fleurs abondent ; ce repos n'a pas lieu avec l'essaim artificiel.

8° *A quelle époque faut-il faire les essaims forcés, sur quelles ruches et dans quelles conditions ?*

R. Il faut les faire un peu avant la saison des jetons naturels et pendant la période de ces derniers. Il ne faut pas les pratiquer sur toute ruche, quelle qu'elle soit, mais bien examiner quelles sont celles qui sont dans des conditions favorables pour opérer avec succès. Il faut donc avant tout que vous commenciez à voir des bourdons depuis deux ou trois jours dans la ruche de laquelle vous voulez tirer un essaim ; il faut qu'elle possède une population surabondante et une forte provision de miel. Alors il y a toute sûreté pour réussir sans nuire à la ruche-souche.

Si vous voulez employer parfois cette méthode, qui est beaucoup pratiquée aujourd'hui, vous devez, en hiver, disposer vos ruches de façon à laisser entre elles un espace d'environ soixante-quinze centimètres ; vous saurez un peu plus loin pour quel motif.

Vous ne devrez pas faire d'essaims artificiels sur les ruches qui ne sont pas dans les trois conditions que je viens de signaler. Cependant si la saison des jetons était déjà avancée, quand il y a des bourdons dans la plupart des ruches, vous pourriez faire un essaim forcé sur celle qui n'en montrerait pas, si toutefois il y avait du miel et des abeilles en abondance. Ce serait même nécessaire si les abeilles faisaient *barbe* ou se tenaient groupées en masse autour de la ruche dans un état de repos presque absolu. La jeune mère s'accouplerait facilement plus tard, vu que les bourdons sont alors partout en grand nombre.

Gardez-vous bien aussi de faire des essaims artificiels sur des ruches qui auraient donné un jeton, lequel serait rentré peu après. Il pourrait arriver qu'il n'y ait pas actuellement de reine, parce qu'au moment de l'essaim elle serait tombée dans les herbes, ou aurait péri, ou se serait égarée de quelque manière. Après un certain nombre de jours, cette colonie pourra donner un jeton naturel accompagné de jeunes reines ; vous pourrez du reste vous en assurer facilement en entendant ces dernières chanter vers le soir ; vous avez donc quelque intérêt à y prêter votre attention. Cependant, si vous deviez faire un essaim artificiel en prenant deux ruches, comme il sera dit dans la question suivante, vous pourriez la prendre comme seconde sans aucun inconvénient.

9° *Comment faut-il faire un essaim artificiel ?*

R. Il y a deux méthodes principales pour les ruches en une seule pièce ou en cloche : c'est de les faire avec une seule ruche ou avec deux. D'après les explications que je vais donner, ce sera à vous, cher apiculteur, de déterminer le mode que vous devrez employer. Vous ne devez jamais opérer que par un beau temps, de neuf à trois heures.

Essaim artificiel avec une seule ruche. — C'est pour ceux-ci seulement qu'il faut laisser entre chaque ruche un espace de soixante-quinze centimètres. Vous préparez d'abord un panier propre et en bonnes conditions ; vous attachez autour une toile avec une forte ficelle, de telle façon que vous puissiez en rabattre une partie sur la ruche-mère que vous allez faire essaimer.

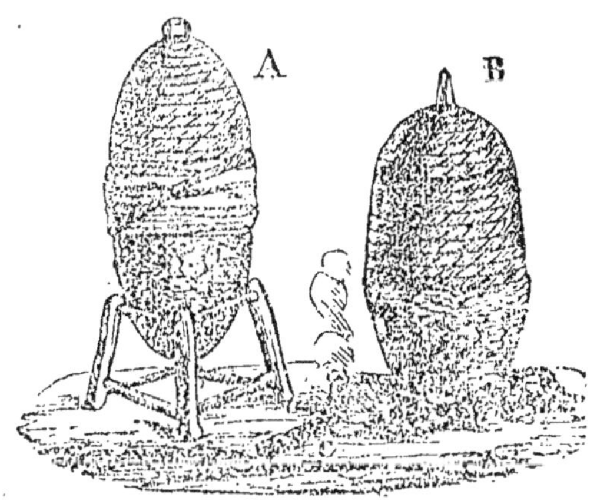

(*Fig. 54.*) A, Ruches disposées pour le transvasement ordinaire.
B, Transvasement sans couvrir les ruches.
C, Poupée de chiffon fumant.

Ensuite, vous préparez à l'ombre, à quelque distance du rucher, un tabouret ou simplement trois pieux enfoncés assez solidement en terre, sous forme triangulaire, pour pouvoir poser entre eux la ruche à chasser, en la forçant un peu. Vous préparez aussi votre camail et une seconde ficelle pour lier sur la ruche

9

inférieure la toile que vous y aurez rabattue. Vous allumez alors votre enfumoir ou simplement un peu de chiffon au bout d'un bâton. En arrivant auprès de votre ruche, le camail sur la tête, vous projetez d'abord de la fumée aux abeilles du dehors, vous la décollez avec un gros couteau, et, la soulevant ensuite, vous lancez une bonne dose de fumée en dessous, jusqu'à ce que vous ne voyiez plus d'abeilles ;

(*Fig. 55.*) Masque ou camail.

enlevez-la bien vite alors, portez-la entre les piquets préparés, ou sur le tabouret renversé, en la posant l'ouverture en haut et bien droite. Vous affublez aussitôt la ruche vide par-dessus et rabattez la toile que vous liez sans retard et assez solidement. Eteignez alors votre enfumoir en enterrant le bout allumé, ou en le frottant fortement sur un objet assez dur, et allez placer une ruche vide sur la tablette que vous venez de débarrasser, afin d'amuser les abeilles qui arrivent des champs, en attendant que votre essaim soit fait. Ensuite vous allez tapoter assez doucement votre ruche pleine, soit avec les mains, soit avec de petits bâtons entourés d'un peu de linge ou de chanvre écru, lié solidement. J'ai dit qu'il fallait frapper doucement pour ne pas détériorer la ruche ou détacher les rayons.

Après une ou deux minutes, vous entendez un bourdonnement qui ira en augmentant pendant un léger espace de temps : ce sont les abeilles qui se mettent en mouvement pour monter. Vous frappez ainsi pendant dix minutes environ ; alors la reine doit être passée dans l'essaim, et c'est là le grand point. Vous déliez la toile et vous enlevez doucement la ruche supérieure que vous placez aussitôt sur une tablette préparée d'avance tout près de vous. Vous la portez à la place de la ruche-mère, en la glissant un peu sur un côté ; vous allez ensuite chercher cette dernière, que vous posez sur son plateau en la dirigeant aussi un peu du côté opposé laissé libre. Vous disposez, en un mot, les deux ruches pour que le milieu entre elles soit la place où était l'entrée de la ruche-souche. Voici ce qui se passe alors : les abeilles arrivent des champs entre vos deux paniers, et, après une légère hésitation, se dirigent les unes dans l'essaim, les autres dans la souche, de façon à faire compensation entre les deux. Si cependant vous remarquez qu'il entre trop de mouches dans l'une et trop peu dans l'autre, vous rapprochez de la place de l'ancienne entrée celle où il en entre le moins, et vous en éloignez un peu l'autre. Si votre essaim est tranquille, s'il se met de suite au travail, c'est que la mère est montée et la réussite est aussi complète que possible. Vous pouvez en faire ainsi plusieurs le même jour, pourvu que ce ne soient pas deux ruches voisines, pour éviter des mélanges entre elles, ce qui pourrait trop affaiblir les unes et rendre les autres trop fortes.

Quelques apiculteurs opèrent parfois un peu autrement qu'il vient d'être dit : ils ferment d'une toile claire l'essaim aussitôt qu'il est fait et l'emportent au loin le jour même dans un autre rucher en plein champ. Il y a un léger inconvénient à cette méthode : si la mère-abeille n'était pas montée avec l'essaim, voyez ce qu'il en arriverait et quelle perte vous subiriez.

S'il faisait un mauvais temps dans les premiers jours qui suivent celui où vous avez fait un essaim forcé, il faudrait le nourrir, puisqu'il n'emporte pas de provisions comme un essaim naturel. Vous feriez bien aussi, le soir ou le lendemain matin, de le peser pour juger de sa valeur ; il sera bon s'il atteint quatre à cinq livres. Toutes opérations peu faciles quand l'essaim est emporté au loin.

Essaim artificiel avec deux ruches. — Il est bien entendu que vous devez choisir deux bonnes ruches dans les conditions énoncées plus haut. Pour la chasse, vous opérez sur l'une des deux seulement, comme pour le cas précédent, mais en tapotant un peu plus longtemps, de façon à ne laisser que très peu d'abeilles dans la ruche-mère. Dès que l'essaim est fait, vous le mettez à la place de la souche et sur la même tablette que vous y avez laissée. Aussitôt vous allez enlever votre seconde ruche avec sa tablette, sans la décoller, et vous la placez à un autre bout du rucher ; vous retournez alors à la ruche-mère que vous avez vidée presque entièrement, vous la posez sur une tablette nouvelle et vous la portez de suite en place de la seconde ruche que vous avez enlevée plus loin. Ses abeilles, qui reviennent des champs, y entrent sans difficulté, la repeuplent, font éclore le couvain et quelques jeunes reines ; tout y marche comme auparavant. Si la deuxième ruche faisait *barbe* ou avait une masse d'abeilles entassées au dehors, il faudrait, avant de l'enlever, les faire tomber tout doucement à terre ; elles s'envoleraient bientôt et retourneraient à leur ancienne place pour repeupler d'autant la ruche que vous avez vidée. Rappelez-vous qu'une ruche dont l'essaim est rentré ne doit jamais être prise pour ruche à chasser, mais seulement pour seconde ruche à déplacer, par le simple motif qu'il pourrait ne pas y avoir de reine. Une ruche de laquelle vous avez tiré un essaim artificiel peut en donner naturellement un secondaire ; je vous conseille de le rendre toujours à la souche.

10° *Peut-on s'assurer si la mère-abeille est montée dans l'essaim artificiel ?*

R. Oui, et il y a pour cela deux moyens. Le premier consiste à placer sous l'essaim un linge noir ; si, après dix à douze minutes, vous y trouvez de petits points blancs un peu allongés, ce sont les œufs que la mère-abeille est forcée de laisser tomber faute de rayons pour les y déposer ; ils indiquent donc sa présence avec toute certitude. Le second moyen, c'est d'examiner au bout d'une heure si vos abeilles sont tranquilles, si elles commencent à travailler, si celles qui reviennent des champs rentrent volontiers dans leur habitation nouvelle ; s'il en est ainsi, la mère est montée, autrement, on les verrait courir çà et là avec un bourdonnement extraordinaire, s'échapper en grand nombre et retourner à leur ancienne place ou ruche. Certain alors que la reine n'y est pas, vous remettrez la souche à sa place et les abeilles y retourneront bientôt ; si elles ne le faisaient pas assez vite, vous pourriez les secouer à terre près de leur ruche. L'opération serait à recommencer le lende-demain, à moins que vous ne soupçonniez qu'il n'y eût pas de mère ou seulement qu'il n'y en eût que de jeunes au berceau, ce qui pourrait être si la vieille mère avait péri.

11° *Comment fait-on les essaims artificiels sur les ruches à hausses ?*

R. Vous pourriez les faire en chassant les abeilles, comme il a été dit pour les ruches en une pièce ; ce serait, je crois, la méthode la plus simple, la plus facile et la plus sûre. Cependant, on peut les faire par division ; c'est ce qui se pratique ordinairement. Voici à peu près la manière d'opérer : de chaque côté de votre ruche, préparez des tablettes convenables, et sur chacune d'elles une ou deux hausses vides. Si vous avez quatre hausses à la souche, placez-en deux d'un côté et deux de l'autre, la première et la troisième ensemble, et de même pour les deux autres. Vous pourriez encore examiner quelles sont les hausses qui possèdent des œufs ou des larves très-jeunes et en mettre une de chaque côté, si ces œufs ou larves existent aux moins dans deux. Ne manquez pas d'enfumer fortement avant et après le décollage de chaque hausse ; mettez-y toute votre attention et procédez assez rapidement pour ne pas trop irriter ou déranger les abeilles. Une fois les hausses placées, enlevez la tablette laissée vide et rapprochez vos deux ruches nouvelles. N'oubliez pas de préparer un couvercle pour celle qui n'en a pas.

Si votre ruche n'a que deux hausses, opérez comme ci-dessus ; si elle en a trois, préparez-en deux vides d'un côté et une seule de l'autre. Sur la hausse unique, vous placez celle de dessous et celle du haut ; sur les deux autres, celle qui occupe le milieu de la ruche-mère. Par ce moyen, vous avez toute chance d'avoir des œufs ou jeunes vers de chaque côté, et quelque part que se trouve la reine, la ruche qui ne l'a pas possédera tous les éléments pour en élever une jeune ; le succès sera ainsi assuré. Cependant, si vous remarquiez que d'un côté il n'y eût ni la vieille mère ni œufs ou larves pour en élever quelques-unes, vous détacheriez dans la ruche voisine un rayon qui en renfermât et vous le placeriez dans celle qui en manquerait. Cette opération a ses difficultés ; il faudrait donc user de précaution pour l'entreprendre ; dans celle où vous l'introduisez, vous faites une place suffisante en retranchant un rayon à peu près semblable.

12° Comment fait-on les essaims artificiels avec les ruches à cadres mobiles ?

R. Vous préparez une ruche garnie de cadres amorcés de quelques rayons de cire aussi neuve que possible, y reservant au milieu un vide de deux cadres pour placer ceux que vous allez tirer de la souche. Vous allez ensuite à la souche très forte en miel et population sur laquelle vous devez opérer ; vous enlevez son couvercle et enfumez fortement par-dessus et à l'entrée. Aussitôt vous tirez deux cadres garnis d'œufs ou de larves récemment éclos ; vous les posez vers le milieu de la ruche à essaim et cette ruche vous la mettez doucement en place de la souche, après l'avoir garnie de son couvercle. Vous donnez aussitôt deux cadres vides à la ruche-mère, que vous emportez à quelque distance de l'essaim artificiel. Si par hasard la reine se trouvait dans l'essaim, il n'en marcherait que mieux pour prendre un poids suffisant afin de passer sûrement la saison d'hiver. On pourrait encore laisser la souche à côté de l'essaim, en procédant comme il a été dit pour l'essaim artificiel opéré avec une seule ruche, p. 131.

13° Comment fait-on un essaim artificiel avec la ruche à division verticale ?

R. On décroche les deux parties ; après avoir bien enfumé, on les sépare doucement ; on les pose sur d'autres tablettes et à côté de chaque division pleine on en place une vide, l'essaim est terminé. Les abeilles du dehors arrivent entre les deux nouvelles ruches et rentrent, après un moment d'hésitation, dans l'une ou dans l'autre en proportion à peu près égale. Si l'on s'apercevait qu'il en allât bien plus dans l'une que dans l'autre, on glisserait un peu chaque ruche, du côté où il en rentre le plus. Celle des deux qui n'a pas de mère aura bientôt fait d'en produire une autre ; il faut être sans inquiétude à ce sujet.

14° En quelles années et en quelles localités faut-il ou ne faut-il pas faire d'essaims artificiels ?

R. On dit que les années se suivent et ne se ressem-pas : c'est parfaitement vrai pour les mouches à miel comme pour beaucoup d'autres choses. Quand donc vous remarquez qu'une année commence mal pour la récolte du pollen et du miel, qu'elle continue quelque temps ainsi, méfiez-vous. Un grand point dans ces années funestes, c'est déjà de conserver en bon état les anciennes ruches ; si vous faites alors des essaims forcés, il est à craindre que vous ne perdiez tout, essaim et ruche-mère. Si vous vous y décidez néanmoins, n'en faites qu'avec retenue, en prenant toujours deux ruches, ce qui double la chance de réussir.

Dans les contrées généralement peu productives en fleurs, comme les vignobles, dans les années peu productives en miel, faites donc peu d'essaims artificiels et faites-les forts par le moyen que je viens d'indiquer. Si l'année est trop mauvaise, n'en faites pas et laissez essaimer naturellement ; vous recueillerez ceux qui sortiront et vous ferez bien de les mélanger deux à deux. S'il y a des essaims secondaires, ne manquez pas, vu les circonstances peu favorables, de les réunir à la ruche d'où ils sont sortis.

TRAVAUX ET SOINS DU MOIS DE JUIN.

Les travaux de ce mois sont d'abord la continuation de ceux du mois de mai ; veillez donc toujours à la sortie des essaims, et achevez les artificiels que vous vous proposez de faire.

Une fois arrivé le 20 ou 25 juin, on touche généralement à la fin de l'essaimage ; c'est alors que dans bon nombre de contrées on commence la récolte du miel dans les vieilles ruches dont on veut détruire les cires devenues trop noires. Examinez quelles sont celles qui sont bonnes à détruire et préparez vos instruments pour la confection du miel, les pots ou petits fûts pour le loger, la presse pour le gros miel et la cire, un fût pour recueillir les eaux de cire et de miel que vous vous proposez de distiller.

Ayant fait un choix de ruches à récolter, notez soigneusement le jour du premier essaim ou de l'essaim artificiel : c'est du vingt-et-unième au vingt-cinquième jour après sa sortie que vous pouvez chasser ce qui reste d'abeilles, et vous êtes certain de n'y trouver alors aucun couvain qui pourrait vous gêner ou peut-être gâter votre miel. Si vous trouvez des œufs pondus depuis peu par une jeune mère ou même des larves écloses depuis quelques jours, vous pourriez réserver ces rayons et les placer verticalement sous la ruche où est votre chasse ; les abeilles ne manqueraient pas de la soigner et la mèneraient à bonne fin. Vous pourriez encore, avec une ou deux baguettes, attacher ces rayons sur le haut d'une ruche vide et y transvaser aussitôt vos abeilles qui les continueraient. N'oubliez pas de mélanger plusieurs chasses ensemble, ou d'y ajouter un essaim premier, ou deux essaims seconds ; en un mot, faites toujours de très fortes ruches sur la fin de l'essaimage et lorsque vous chassez pour une récolte totale.

DIXIÈME LEÇON. — MOIS DE JUILLET.

Récolte du miel et de la cire.

1° A quelle époque peut-on tirer du miel ou le miel des ruches en une seule pièce ?

R. L'époque la plus favorable, à peu d'exceptions près, est celle qui suit la grande saison des fleurs et l'essaimage. Dans le mois de juin et au commencement de juillet, il est certain, pour beaucoup de contrées, qu'il y a du miel en abondance dans la plupart des ruches ; à cette époque aussi, vingt-deux à vingt-trois jours après la sortie du premier essaim ou de l'essaim artificiel, il n'y a pas de couvain dans les paniers ; tout le poids représente donc du miel. En le prenant alors, on a un miel suffisamment travaillé par les abeilles, et l'absence de larves, qu'il est toujours regrettable de détruire, lui assure un état de propreté qui en augmente la valeur.

Je ne donne pas cette règle comme générale, car il y a des apiculteurs qui enlèvent quelque peu de miel au commencement du printemps dans les ruches dites grasses, où il reste trop peu d'alvéoles vides pour élever du couvain ; dans ces conditions on peut le faire sans danger et avec avantage. D'autres attendent que la fleur du sarrasin soit passée, ou vers les premiers jours d'octobre, époque qui paraît aussi très favorable, puisqu'il peut y avoir du miel en abondance et absence presque totale de couvain. Remarquons néanmoins que le miel coulera moins bien qu'en été et qu'il faudra le faire en chambre chaude. Un autre inconvénient existe encore et il est à considérer : certains apiculteurs ne savent que faire, à cette saison, des abeilles des ruches qu'ils récoltent en totalité et prennent le triste parti de les étouffer au moyen de mèches de soufre ; c'est-là une cruauté impardonnable. Chassez-les pendant une journée chaude et par un brillant soleil ; le soir, mélangez-les à des ruches voisines après avoir enfumé, ou introduisez-les dans des ruches faibles.

La récolte du miel est partielle ou totale. Elle est partielle quand on enlève une partie plus ou moins considérable du miel et de la cire après avoir seulement enfumé les abeilles, ou après les avoir chassées pour les réintroduire aussitôt après la taille opérée. Elle est totale quand, après avoir chassé les mouches, on enlève tous les rayons de la ruche.

2° Quelle règle doit-on suivre pour la récolte partielle ou totale des ruches ?

R. La règle à suivre pour l'une ou pour l'autre récolte est assez difficile à fixer et dépend beaucoup des circonstances, qu'un apiculteur doit étudier avec soin. Le meilleur conseil que je puisse donner tout d'abord, c'est de bien examiner ce qui se pratique dans votre résidence et dans les environs qui lui ressembleraient pour les sites et la production des fleurs. Si la méthode vous paraît avantageuse et assez conforme aux principes généraux donnés dans ce livre, adoptez-la d'abord faute de mieux. Quand vous y serez bien formé, examinez avec attention si vous ne pourriez pas apporter quelques perfectionnements ; puis, mettez en pratique les idées que vous auront fournies vos réflexions et votre expérience.

Voici néanmoins ce qui peut se faire dans presque toutes les contrées : récoltez entièrement toutes les ruches vieilles de trois ou quatre ans et plus ; n'en gardez jamais au-delà de cinq ans. Parmi les plus jeunes, voyez celles qui pourraient vous donner une quantité considérable de miel et celles qui seraient de peu d'espérances pour l'avenir : récoltez-les aussi. S'il est d'usage dans votre localité de récolter la plupart des paniers, même parmi ceux qui n'ont qu'un an, faites de même si vous croyez y trouver un beau bénéfice ; mais, dans ce cas, il faut être assuré que vos chasses, mélangées deux à deux ou trois à trois, trouveront à butiner en abondance sur la fin de l'été, comme il arrive dans les contrées où l'on sème le sarrasin en grande quantité : n'oubliez pas qu'il faut de bonnes provisions pour l'hiver. Si vous n'avez que peu de ruches, et que vous vouliez en augmenter rapidement le nombre, attendez trois ou quatre ans pour y opérer une récolte totale ; épargnez aussi les récoltes partielles.

Récoltez partiellement, si vous le voulez, quelques-unes de vos fortes ruches, en leur laissant toujours des provisions suffisantes pour atteindre la saison nouvelle ;

il faut aussi être à peu près assuré qu'elles combleront le vide que vous aurez fait ; autrement je vous conseillerais de ne pas y toucher. Défiez-vous du pillage que pourrait occasionner une récolte partielle. Pour cette taille, enfumez fortement et opérez rapidement, ou bien chassez les mouches dans une autre ruche pour les réintroduire après.

3° Comment faut-il chasser les abeilles pour la récolte totale, et que devez-vous faire de ces chasses ?

R. La méthode pour chasser les abeilles est absolument la même que celle qui a été indiquée pour les essaims artificiels. Choisissez un temps chaud, de dix à trois heures, et chassez le plus complètement possible, ayant soin toujours de mettre une ruche vide en place de celle que vous venez d'enlever, pour amuser les mouches revenant des champs et les empêcher ainsi d'aller se faire tuer dans les ruches voisines.

Dès que vos abeilles sont chassées d'une ruche, vous la portez dans une chambre bien éclairée, dont vous fermez la fenêtre. Les quelques mouches qui sont restées s'envolent, s'attachent aux vitres, et, avec une plume d'oie, vous les mettez dehors dès qu'il y en a une certaine quantité : elles vont rejoindre aussitôt leur ruche respective.

Quand aux abeilles que vous avez chassées, voici comment vous devez mélanger ensemble deux ou trois chasses (appelées trions dans certaines contrées), et même quatre si elles sont faibles ou si vous n'avez que peu de fleurs à espérer après ce temps ; ne craignez pas de trop emplir une ruche, vu qu'il s'y trouve toujours beaucoup de bourdons dont il ne faut pas tenir compte, sinon pour gêner les abeilles dans leur travail et manger leurs provisions. Si vos ruches à chasser sont voisines, commencez par celle qui occupe le point le plus central de trois ou quatre ; dès que cette opération est terminée, reposez les mouches à leur ancienne place ; chassez ensuite chacune des autres, et aussitôt secouez-les à l'entrée de la première ruche, où elles s'introduiront sans difficulté et sans combat. Si la ruche que vous chassez est placée à côté d'autres que vous chasserez seulement dans quelques jours, vous laissez, en attendant, les abeilles à leur place dans la nouvelle ruche et vous y mélangerez plus tard celles des paniers voisins, mais seulement le soir, après avoir enfumé et en maniant assez doucement, pour ne pas briser les rayons déjà commencés. Si vos colonies ne peuvent pas se trouver dans l'un des deux cas précédents, vous les mélangerez trois ou quatre ensemble le soir, sans enfumer ; dans la nuit, ou le lendemain de grand matin, vous l'envelopperez d'un linge clair serré avec une forte ficelle, et vous l'emporterez à une distance de deux ou trois kilomètres ; autrement elles retourneraient à leur ancienne place, ce qui dépeuplerait votre ruche, et les exposerait peut-être à aller se faire tuer dans les paniers voisins.

Il est bien entendu qu'il ne s'agit ici que des chasses opérées en juin ou juillet, époque à laquelle les abeilles chassées peuvent encore amasser des provisions pour l'hiver. Si cependant vous n'aviez pas cette espérance, ce qui doit être fort rare, il faudrait nécessairement réunir les mouches à des ruches déjà fournies de provisions, comme il est dit pour les chasses faites fin de septembre ou commencement d'octobre.

4° En quel temps faut-il récolter les calottes placées sur les ruches avant l'époque des essaims ou aussitôt après ?

R. Le moment le plus favorable, c'est lorsque la grande saison des fleurs est passée ; alors elles doivent être remplies de miel de première qualité. Vous vous en assurez, et, si vous constatez qu'elles sont pleines, vous les levez selon la méthode que je vais vous indiquer. Elle pourra s'appliquer également aux ruches à hausses dont vous voudriez enlever la partie supérieure. On peut néanmoins le faire plus tôt, si elles ont été remplies en peu de jours.

Vous détachez d'abord tout ce qui a servi à bien fixer la calotte sur la ruche ; vous enlevez le pourget, puis, avec un fort couteau, vous la décollez doucement, et, en la soulevant, vous l'enfumez un peu pour empêcher les abeilles de s'irriter. Vous avez dû préparer devant vous une planche bien propre, percée de quelques trous de distance en distance, et vous y déposez les calottes à mesure que vous les levez, en ayant soin de les marquer d'un signe que vous reproduisez sur la ruche d'où vous l'avez enlevée. Vous les posez sur la planche, de manière qu'elles soient au-dessus de chaque trou, et, après quelques minutes, les abeilles que contiennent les calottes ne manquent pas de s'échapper par ces ouvertures. Si au bout d'une demi-heure les mouches ne partaient pas, ceci indiquerait que la mère-abeille se trouve dans la calotte ; il faudrait alors les chasser dans une calotte vide par le tapotement, et les rendre à leur ruche, ayant soin de surveiller l'entrée de la mère pour qu'elle ne s'égare pas ailleurs. C'est pour reconnaître la ruche et éviter toute erreur sur ce point important, que je vous ai recommandé de marquer chaque calotte d'un signe particulier que vous reproduisez sur chaque ruche.

Aussitôt la calotte enlevée, vous en reposez une autre si vous pouvez espérer qu'elle sera encore remplie sans danger pour les provisions d'hiver ; autrement vous devriez fermer de suite avec un bouchon préparé d'avance, en le fixant avec quelques pointes, et enduire de pourget les ouvertures, s'il s'en trouve.

Tous ces principes établis et bien exécutés, passons maintenant dans la chambre où sont déposées les ruches et les calottes dont vous avez chassé les abeilles, et occupons-nous de la manipulation du miel.

5° Quels objets faut-il préparer pour le façonnement du miel ?

R. Vous devez avoir deux ou trois terrines plus ou moins grandes, selon la quantité de miel que vous avez à faire. Vous posez dessus des clayons en osier ou des tamis en toile métallique ou en crin, achetés de mesure pour s'y adapter parfaitement, sans s'enfoncer en dedans et sans trop dépasser les bords. Préparez aussi quelques grands plats en terre ou en faïence, sur lesquels vous déposez les gâteaux de miel à mesure que vous les tirez, en faisant déjà un certain choix pour la qualité. Ayez aussi de l'eau dans une cuvette ou une casserole, pour laver vos mains enduites de miel et les outils dont vous vous êtes servi.

L'outillage nécessaire pour tirer les rayons des ruches consiste en un ou deux couteaux à longue lame pliante

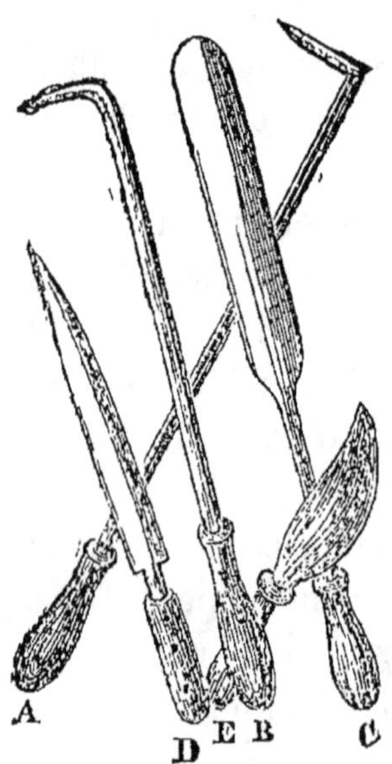

(*Fig. 36.*) Couteaux à extraire les rayons.

C D E, et un peu recourbée à l'extrémité, puis une longue branche de fer munie d'un petit manche à un bout et recourbée en angle droit à l'autre bout A B. Cette partie recourbée doit être plate, large d'un centimètre, longue de trois ou quatre, aiguisée en taillant des deux côtés. Elle sert pour couper les rayons en dessous ; elle doit donc être assez longue pour pénétrer en dehors de son manche jusqu'au fond de vos ruches. Ayez aussi une ou deux cuillers en fer pour extraire les bouts des rayons qui seraient restés au fond ou sur les rives des paniers. Dans la chambre où vous travaillez, vous devez disposer une table longue ou des planches sur des tréteaux pour y placer vos terrines, vos plats et tout votre outillage.

Vous préparez aussi des pots ou petits fûts pour loger votre miel ; ils doivent être neufs ou au moins bien nettoyés à l'eau chaude s'ils ont déjà servi pour du miel ou autres denrées. Si vous vous proposez de vendre en détail, prenez des pots de diverses contenances, afin que les acheteurs puissent choisir et enlever sans dépoter, ce qui nuirait au miel s'il était déjà durci. Pesez-les d'avance et posez sur chacun une étiquette où vous inscrivez le poids du pot d'abord et du miel ensuite. Si vous avez des clients habituels à qui vous fournissez chaque année, faites apporter leurs pots au moment où vous extrayez le miel, pour n'avoir rien à transvaser plus tard, ce qui cause toujours quelque déchet.

6° Comment faut-il extraire les rayons et quel triage opérer ?

Vous commencez par tirer les baguettes qui traversent l'intérieur des ruches : vous les repoussez d'un côté, à petits coups de marteau, et de l'autre vous les tirez avec des tenailles ou de fortes pinces. Ceci terminé, vous choisissez le rayon qui vous paraît le plus facile à extraire comme premier ; vous le détachez sur les côtés avec le couteau à longue lame C, et en dessous avec la branche de fer recourbée A ; quand il est enlevé, vous avez une place suffisante pour continuer facilement la taille des autres.

A mesure que vous retirez chaque rayon, vous en séparez la cire sèche, que vous jetez de côté dans un coin de la chambre ; vous coupez ensuite le bout contenant le plus beau miel, vous le mettez dans un plat ou sur un clayon, comme premier choix ; le reste du rayon est posé sur un autre plat pour deuxième choix. Comme troisième miel, vous séparez de ces deux premières catégories tout rayon renfermant du miel rouge, qui proviendrait du sarrasin ou de la bruyère ;

vous lui réunirez aussi les quelques bouts de gâteaux contenant du pollen et que vous ne jugeriez pas convenables pour entrer dans le premier ou le second choix. Le gros miel sera celui que vous extrairez à la presse ou que vous ferez couler à la chaleur du four, ou sous un châssis bien clos, exposé au soleil comme il sera dit un peu plus loin.

Le miel extrait des calottes sera toujours rangé dans la première qualité, à moins qu'il n'ait une teinte rouge. C'est aussi celui-ci que vous réserverez pour votre table ou faire un présent à vos amis, voisins ou parents. Si vous voulez en conserver en rayons pour l'hiver, vous le laissez dans la calotte et le tirez seulement quand vous voulez le servir. Il y a même des calottes très-propres, de petite dimenstion, en verre, en poterie, en paille ou vannerie bien travaillée, que vous pouvez placer ainsi sur la table au moment du dessert. On peut aussi les vendre de cette façon dans leur entier, pour les grandes maisons, qui en donnent toujours un bon prix, parce que ce sera toujours le dessert le plus merveilleux et surtout le mieux travaillé. Il serait bon, dans ce cas, que chaque calotte un peu propre fût pesée d'avance afin de se rendre compte du poids du miel qu'elle contient. Vous pouvez le vendre un bon tiers plus cher que les pots de premier choix, sans oublier de vous faire rembourser le prix du contenant.

7° *Comment faut-il faire couler le miel des rayons ?*

R. Vous les brisez simplement avec les doigts sans leur faire subir aucune pression, et, après les avoir posés ainsi sur les clayons ou tamis, vous laissez couler le miel de lui-même pendant un ou deux jours. De temps en temps, vous déplacez vos terrines pour les exposer au soleil, tant qu'il luit, par la fenêtre de votre appartement. Si vous possédiez des châssis semblables à ceux qu'emploient les jardiniers pour leurs primeurs, vous pourriez placer vos terrines par-dessous pendant quelques heures, pour achever de faire couler votre miel. Avant cette opération, vous devez mettre en pot le miel qui est dans les terrines, parce que celui qui coulera sous châssis ne pourra être compté pour première qualité, vu qu'il aura un léger goût de cire. Ayez soin que votre châssis ferme assez bien pour qu'aucune abeille ne puisse y pénétrer. Si vous n'avez pu mettre vos cires grasses sous châssis, vous achevez de faire couler votre miel dans un four, en les y mettant quelques heures après que le pain en est tiré. Vous devez avoir des terrines, clayons ou tamis réservés pour le four, afin de laisser les autres toujours libres et propres pour façonner le miel de premier et deuxième choix. Quand vous retirez vos terrines du four, après cinq ou six heures ou un peu plus, la cire qui a fondu est durcie en pain sur le miel : si elle est encore liquide, laissez-la refroidir et durcir suffisamment pour pouvoir l'enlever en une ou plusieurs pièces. Vous commencez par faire couler le miel encore tiède, en pratiquant une légère ouverture dans cette cire, et vous laissez le tout s'égoutter pendant une heure ; c'est alors seulement que vous enlevez la couche de cire, qui est de première qualité. Les marcs tirés du four contiennent encore quelque cire mélangée d'une légère dose de miel : vous devez les réserver pour les passer sous la presse.

Quand vos pots de miel sont pleins, vous les placez en lieu sec et autant que possible au nord. Les parcelles de cire mélangées avec le miel montent bientôt à la surface, et vous les écumez à deux ou trois reprises différentes jusqu'à épuration complète. Vous placez ces écumes dans un pot spécial, en verre blanc si vous pouvez vous en procurer ; après quelques jours vous écumez aussi ce dernier ; la cire que vous en retirez est mise sur la terrine où vous fabriquez vos deuxième ou troisième qualités, cette espèce de miel ne pouvant jamais être cotée de la première.

Quand vos pots sont parfaitement épurés, vous les couvrez de plusieurs feuilles de papier, que vous serrez aussi fortement que possible au moyen d'une ficelle ; la moindre ouverture donnerait au miel un air nuisible et pourrait livrer passage aux fourmis, qui sont toujours si ardentes pour rechercher les substances sucrées. Vous pesez alors vos pots avec leur contenu ; après déduction faite de la tare, vous inscrivez dessus le poids net du miel et la qualité à laquelle il appartient.

8° Quel usage fait-on ou peut-on faire du miel ?

Chacun sait que les plantes, et surtout les fleurs, renferment tout ce qui est nécessaire pour nous préserver de beaucoup de maladies ou pour les guérir. Le miel qu'elles produisent participe éminemment à toutes leurs qualités ; aussi est-il souvent employé en médecine avec succès. Je puis donc affirmer avec certitude que celui qui en ferait un usage habituel atteindrait une longue et heureuse vieillesse. Les vétérinaires l'ordonnent aussi très-souvent dans plusieurs maladies du bétail.

Le miel est assurément une nourriture excellente et toujours saine, qu'il faut néanmoins employer avec modération à cause de ses propriétés laxatives ; il fait les délices des enfants, en même temps qu'il fortifie ou améliore leur santé.

Le miel est un excellent remède contre les maladies de la pierre, des reins et de la vessie, le catharre pulmonaire et l'asthme. Il est très bon aussi contre l'inflammation de la gorge. En le prenant le matin avec du pain, du beurre et de l'eau en boisson, il agit comme laxatif contre toute constipation. Mélangé avec de l'ail écrasé, le miel fait périr les vers intestinaux.

Dans les années froides et pluvieuses, toujours nuisibles à la bonne maturité du raisin, on peut en mélanger avec avantage au vin nouvellement sorti de la cuve ; il lui donnera de la force, un arôme excellent et le fera fermenter plus rapidement. On le fait, pour cela, bouillir dans un peu d'eau et on le verse chaud dans le fût, que l'on remue ensuite avec un bâton.

On l'emploie aussi avec avantage dans la confection des sirops et des confitures, ainsi que dans la fabrication du pain d'épice auquel il donne ce goût particulier, fort agréable, qui le fait rechercher dans le commerce et par les consommateurs.

Si vous ne voulez pas mettre vos cires grasses au four pour faire couler ce qui reste de miel, vous pouvez en tirer un autre avantage peut-être supérieur au premier. Vous faites tremper vos cires dans une certaine quantité d'eau, l'espace de vingt à trente heures ; pendant ce temps, vous remuez le tout plusieurs fois ; l'eau s'imprègne des restes du miel qu'elle délaie, et il s'en forme une excellente boisson, connue sous le nom d'hydromel. On peut en faire usage de suite avant toute fermentation ; elle est excellente à boire. Si on la laise fermenter dans un fût et reposer ensuite, elle peut rivaliser de qualité avec les meilleurs vins. On y mélange aussi les eaux qui ont servi à laver les terrines et autres objets qui ont contenu du miel.

9° *Comment fabrique-t-on la cire ?*

R. La cire, qui est le produit des rayons dont on a extrait le miel, doit être fondue au plus tôt, pour ne pas être envahie par la fausse-teigne, ces vers rongeurs qui la dévoreraient en grande partie. Il y a deux méthodes pour la fondre, selon la quantité que l'on possède et l'outillage dont on dispose.

Si vous ne possédez que la récolte de deux ou trois ruches, le mieux serait de vendre la cire à l'état brut. Si cependant, sans avoir de presse, vous voulez la fondre vous-même, voici comment vous devez procéder : vous faites deux ou trois sachets en grosse toile, que vous emplissez de cire en l'y serrant de votre mieux ; vous les liez solidement avec une forte tresse cousue vers le haut du sachet ; si elle n'était pas cousue, elle pourrait s'échapper, non sans grave inconvénient, au moment de la pression. Vous faites alors chauffer de l'eau dans une chaudière et vous y plongez vos sachets, de façon qu'ils trempent entièrement sans trop toucher le fond. Chauffez toujours modérément et avec peu de flamme. Vous laissez un quart d'heure environ en ébullition. Pendant ce temps vous préparez un bassin large et à bords peu élevés ; au milieu vous placez deux ou trois morceaux de bois carrés, d'une épaisseur de cinq à six centimètres, sur lesquels vous posez une grille en fonte semblable à celle d'un poêle ou fourneau. Vous saisissez alors un de vos sachets avec une pince et le posez sur le milieu de cette grille dont il ne devra pas dépasser les bords. Vous placez aussitôt sur ce sachet une forte planche de 1 mètre 75 centimètres de longueur ; deux personnes, les pieds appuyés sur les extrémités, pressent fortement en faisant de temps en temps quelques mouvements de bascule. Après quelques minutes de cette opération, vous replacez le sachet dans la chaudière et vous passez à un autre ; vous pressez ainsi chacun d'eux trois fois, et alors il ne devra rester que très peu de cire dans le marc.

Quand tout est fini, vous laissez refroidir l'eau de votre chaudière, et au-dessus vous aurez un mince pain de cire que vous réunirez à celle qui a été produite par la pression.

La seconde méthode pour fondre la cire consiste dans l'usage d'une presse, qui est toujours nécessaire quand on en possède une quantité considérable. Les presses peuvent varier beaucoup pour la forme et la dimension ; c'est à chacun de choisir ce qui peut le mieux lui convenir dans les différents modèles en usage. L'essentiel est de lui donner une grande force de pression par un montage solide et une vis à toute épreuve, le tout manié par un bras et un poignet vigoureux.

Avant de vous en procurer une, examinez avec attention celles qui existent dans votre voisinage ; voyez-les surtout à l'œuvre et adoptez la forme qui vous paraîtra réunir les plus grands avantages pour la solidité et le bon marché. Dans le bassin, qui devra être disposé de façon à donner une issue facile à la cire fondue, vous mettez deux morceaux de forte toile, l'un qui couvrira entièrement le fond, l'autre que vous placerez sur les côtés et en même temps sur une partie du fond, qui sera assez long pour se croiser un peu sur lui-même et se rabattre sur la cire fondue avant d'y poser le mouton de la presse.

Vous faites fondre votre cire dans une grande chaudière, où vous versez de l'eau en quantité sffisante ; vous la laissez arriver à l'état d'ébullition, en ayant soin de remuer le tout de temps en temps, pour bien délier la cire ; trois ou quatre minutes après, vous la versez dans votre presse avec une casserole ; vous rabattez la toile par-dessus et posez ensuite le mouton. Vous faites agir la vis d'abord assez doucement pour donner à la cire le temps de couler dans la terrine disposée sous la goulotte ; peu après vous tournez de toutes vos forces et à plusieurs reprises, pendant au moins trois quarts d'heure. Vous cessez alors toute pression et vous laissez refroidir le marc. Lorsqu'il est retiré, vous commencez pour un autre la même série d'opérations, après avoir bien nettoyé vos deux toiles et ramassé la

ciro éparse sur la presse. Si votre marc n'avait pas été
assez serré une première fois, émiettez-le et faites-le

(*Fig. 57.*) Presse à extraire le miel et la ciro.

fondre de nouveau ; vous jugerez par le rendement s'il
en valait la peine.

Vous réunissez dans un baquet ou autre objet toutes

les parcelles de votre cire, tant celles qui sont restées fixées aux parois de la presse que celles qui ont coulé dans la terrine. Quand vous en avez une quantité suffisante pour en faire un pain d'une certaine grosseur, vous la fondez avec un mélange d'eau, sur un feu modéré, dans une chaudière en cuivre, autant que possible. Vous tenez toujours à côté de vous une tasse d'eau froide pour en jeter dans la chaudière en cas d'ébullition trop violente, qui ferait jaillir la cire par-dessus les bords. Vous remuez de temps en temps avec une petite broche de fer. Lorsque tout est bien fondu et qu'un léger bouillonnement s'est produit, retirez votre chaudière de dessus le feu et mettez-la en un lieu où elle puisse rester vingt-quatre heures sans causer de gêne à personne. Écumez parfaitement le dessus et laissez refroidir dans cette même chaudière, qui donnera la forme à votre pain de cire. Vous pourriez cependant verser dans quelqu'autre objet, que vous croiriez plus convenable, comme serait un moule de forme carrée en fer-blanc, plus long que large, qui vous donnerait de magnifiques briques de cire d'un ou deux kilogrammes, qui sont fort estimées dans le commerce de détail.

Pour éviter que ce pain se fendille ou se contourne, posez un clayon ou des bâtons sur votre chaudière, ou sur vos moules et mettez par-dessus et autour une bonne couverture de laine. Refroidissant plus lentement, la cire se purifiera mieux et le pain ne subira aucune fente qui pourrait le déparer. Après qu'il est bien refroidi, retirez-le et enlevez la crasse qui est restée attachée par-dessus. Ne craignez pas, pour plus de propreté, d'enlever même un peu de cire, que vous réunirez au pain suivant.

10° Quel parti peut-on tirer des eaux dans lesquelles a été fondue la cire, et du marc ?

R. Les eaux où l'on a fondu la cire forment une espèce d'hydromel malpropre qui ne pourrait être employé en boisson ; elles sont imprégnées de tout le miel qui était resté dans les cires. Recueillez-les donc dans un fût bien solide, que vous fermerez soigneusement. Ces eaux y fermenteront. Dans le courant de l'hiver, vous les ferez distiller et vous en tirerez une bonne eau-de-vie. Vous pourrez augmenter sa qualité en mettant dans le même fût un ou deux boisseaux de cerises, de prunes bien mûres, ainsi que des noyaux cassés de ces mêmes fruits, autant que vous pourrez vous en procurer. Cette eau-de-vie, par ce procédé, deviendra un petit kirsch.

Quant aux marcs de cire, vous pouvez les mettre en mottes, comme font les tanneurs pour le tan d'écorce qu'ils retirent de leurs cuves ; vous les faites sécher dans un lieu bien aéré. Vous les brûlerez par les froids les plus rigoureux, elles vous donneront un feu clair, ardent et surtout capable de vous bien réchauffer.

TRAVAUX ET SOINS DU MOIS DE JUILLET.

Ils consistent simplement dans la récolte et le façonnement du miel et de la cire, comme il vient d'être dit.

Fortifier les ruches trop faibles, en y mêlant des chasses ou des essaims tardifs.

C'est l'époque pour conduire certaines ruches en plein champ ou à la bruyère, à moins que l'on ne croie plus avantageux d'attendre au commencement du mois d'août. Revoyez la fin de la troisième leçon pour la méthode à employer.

Il faut commencer aussi à veiller aux ennemis des abeilles, surtout à la fausse-teigne, qui commence alors ses ravages dans les ruches vieilles et un peu trop dépeuplées. Veillez aussi aux autres ennemis, surtout aux oiseaux, crapauds et grenouilles.

ONZIÈME LEÇON. — MOIS D'AOUT.

Maladies et ennemis des abeilles.

§ 1er. Les maladies des abeilles sont assez rares ; cependant comme elles se produisent quelquefois, surtout dans les ruches faibles ou placées dans des vallées fraîches et peu aérées, il est bon d'en parler quelque peu et d'en indiquer le remède, quand il existe. Les principales sont la dyssenterie, la constipation, la loque, la moisissure et le vertige.

1° La dyssenterie a lieu lorsque les mouches laissent aller leurs excréments sur les rayons, sur les autres abeilles qu'elles salissent, ou sur les parois et le plateau de la ruche, ce qui ne tarde pas à donner une odeur mauvaise qu'elles supportent difficilement. L'air de l'intérieur est comme corrompu et peu respirable ; si elles ne s'échappent pas de leur ruche en masse sous forme d'essaim, elles finissent par y périr bientôt.

La dyssenterie est caussée ordinairement par un air trop humide dans l'intérieur du panier ; l'humidité qui se mêle au miel découvert en fait une nourriture trop imprégnée d'eau, qui profite moins aux abeilles et les oblige à évacuer souvent. Une autre cause serait l'absorption d'une nourriture trop peu sucrée et trop délayée d'eau.

Le remède à cette maladie est de procurer un air

bien pur à la ruche malade en la soulevant, s'il est nécessaire, avec une cale ; de leur distribuer ensuite une nourriture composée de bon miel et mélangée de sucre de première qualité. Malgré cela, ces abeilles vous échapperont peut-être au premier beau jour ; si vous pouvez les ressaisir, mélangez-les à une autre ruche et détruisez leur cire.

Les ruches fortes, bien aérées, ne peuvent être atteintes de cette maladie ; raison de plus pour n'avoir que des colonies bien populeuses ; c'est au temps des essaims principalement et de la récolte totale du miel qu'il faut tout disposer pour atteindre ce but.

S'il arrivait qu'une colonie fût atteinte de la dyssenterie à un degré tel qu'elle ne pût que déchoir, que la propreté et l'air pur n'y fussent plus possibles, il faudrait en chasser les abeilles, les réunir à une autre ruche voisine, s'emparer du contenu et la laver soigneusement avant d'y remettre une nouvelle population.

2° La constipation, qui est l'opposé de la dyssenterie, se produit quand la température du printemps passe rapidement du chaud au froid ; les abeilles sont obligées alors, pour reproduire une chaleur suffisante, d'absorber une quantité considérable de miel, dont les résidus dans l'intérieur du ventre finissent par se durcir au point de ne pouvoir plus être mis dehors. Les mouches qui en sont atteintes meurent bientôt entre les rayons ou en tombant sur la tablette. Il est difficile de constater l'existence de cette maladie et par conséquent d'y remédier. Si le panier est dépeuplé, il faut en réunir le reste à une colonie plus forte du voisinage. Une ruche populeuse et placée dans d'excellentes conditions est rarement atteinte de cette maladie.

3° La loque ou pourriture du couvain, qui n'a aucun inconvénient quand elle se produit isolément, a lieu quelquefois au printemps, quand le refroidissement de la température force les abeilles de se concentrer fortement et de s'éloigner d'une partie des larves ou des nymphes qu'elles laissent dans l'isolement et qui périssent bientôt faute de chaleur et de nourriture, se pourrissent et infectent l'air de la ruche. C'est surtout dans les contrées du midi que se produit cette maladie, à l'occasion des nuits parfois trop fraîches. Dès qu'on s'en aperçoit, il faut couper les rayons qui en sont atteints, et ne pas craindre même de tailler un peu dans la partie qui paraît être en bon état. Si la maladie est trop invétérée, il faut chasser les abeilles, les réunir à une autre ruche si elles ne peuvent pas encore vivre seules. Ne vous servez pas de ce panier avant de l'avoir bien vidé, bien lavé et laissé au moins un an en lieu sec. Le miel qui en a été tiré est de qualité très inférieure, et il ne faut jamais le donner en nourriture aux abeilles ; il ne peut être nuisible au bétail, pour lequel on peut l'employer. Les ruches à cadres mobiles sont plus exposées que les autres à cette maladie, parce que la chaleur s'y concentre plus difficilement.

4° Moisissure. — Elle atteint les rayons vides dans les hivers frais et pluvieux, et quand les ruches ne sont pas suffisamment couvertes. Lorsqu'elles sont placées dans des vallées basses et humides ou près des ruisseaux, elles en seront atteintes assurément ; il est donc nécessaire de les mettre en lieu sec, de leur donner de l'air et de couper les rayons qui en seraient par trop affectés.

5° Vertige. — En juin et juillet cette maladie saisit quelques abeilles, comme elle atteint parfois des animaux et des personnes ; vous les voyez tomber à terre, tourner rapidement sur elles-mêmes et puis mourir. On n'en connaît pas la cause d'une manière certaine, et encore moins le remède.

§ 2°. Les ennemis des abeilles sont beaucoup plus nombreux que les maladies auxquelles elles sont exposées. Je vais les mentionner les uns après les autres, en indiquant les moyens de les détruire, de les éloigner ou de les empêcher de nuire.

1° La fausse-teigne. — Ce sont de gros vers d'un blanc sale, produits par des œufs que pondent dans la ruche des papillons de nuit, de couleur grisâtre parsemée de petites taches noires. Ils voltigent le soir autour des paniers, et, s'ils peuvent surprendre les gardiennes pour s'y introduire, ils se glissent sur la tablette et le long des parois, pondent plusieurs œufs qui seront bientôt éclos à la chaleur même de la ruche. D'autres fois ils les déposent sur les interstices qui peuvent exister dans les planches de la tablette ou entre celle-ci et la ruche, ou bien encore entre les cordons. Dans ce dernier cas, quand le ver est éclos, il parvient bientôt à se glisser dans les cires, qu'il ronge en droite ligne. Si ces vers ne sont pas trop nombreux,

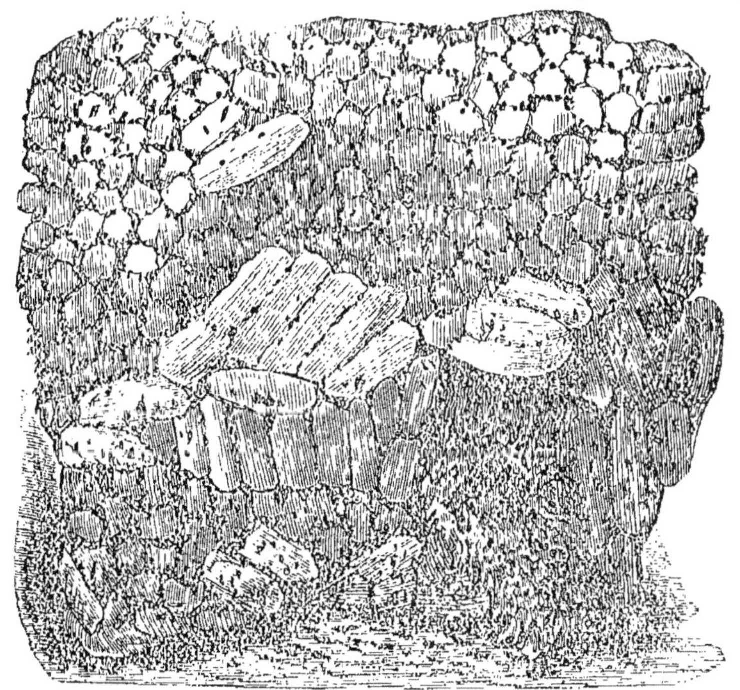

(*Fig. 58.*) Cocons réunis, avec fils soyeux et excréments.

les abeilles viennent à bout de les retirer, de les tuer et
de les jeter dehors ; c'est ce qui arrive dans toute ruche
bien peuplée, où ils sont certainement en petit nombre,
parce que les papillons (phalènes) y pénètrent difficilement.

Si la ruche est trop dépeuplée par la sortie de plusieurs essaims, si elle est trop vaste et mal gardée à cause
de son entrée trop spacieuse, alors les phalènes y
pénètrent avec assez de facilité, y déposent un nombre
d'œufs considérable ; bientôt les vers circulent dans une
bonne partie de la ruche, où ils mangent cire et miel, y

tissent des toiles qui ont quelque ressemblance avec celles des araignées. Les abeilles ne pouvant plus rien contre cet ennemi qui a su se barricader pour éviter leurs attaques, accablées par le nombre et découragées, finissent par déguerpir et vont chercher un logement ailleurs, où ordinairement elles se font toutes massacrer.

Il est facile de reconnaître la présence de cet ennemi ; à l'entrée de la ruche et sur le plateau, vous distinguez de la cire réduite en poudre au milieu de laquelle se remarquent de petits points noirs, qui sont les excréments de ces vers. Examinez donc ausitôt l'intérieur de ce panier après avoir enfumé ; s'ils n'avaient atteint qu'un quartier d'un ou de deux rayons, vous pourriez les couper et peut-être sauver votre ruche par ce moyen. S'ils sont répandus sur presque tous les rayons, avec des toiles assez considérables, vous n'avez plus qu'à chasser vos abeilles, si elles ont pu tenir jusqu'à ce jour, vous emparer des provisions restantes, qui ne pourront compter que comme miel de basse qualité. Vous fondez votre cire au plus vite. La ruche sera bien nettoyée, passée au feu et ne devra être employée cette année ni même l'année suivante. Si les vers s'étaient déjà changés en chrysalides dans de petits sacs blancs assez forts, il vous faudrait les arracher et les jeter au feu.

Ne manquez pas de visiter vos ruches de temps en temps après la saison des essaims ; soulevez-les quelquefois, autant pour vous assurer, par l'inspection du plateau, si le ver existe, que pour nettoyer les bords de la ruche, où il s'en trouve souvent. Détruisez tous ceux que vous voyez, ceux qui peuvent être logés dans les gerçures ou les jointures des tablettes, dans les parcelles de cire qui y sont tombées. Avec ces précautions, ayant soin aussi de rendre les essaims seconds aux ruches que vous voulez conserver, de rétrécir les rentrées trop larges, de fermer les vides entre les ruches et leurs plateaux, vous aurez peu à craindre de cette ennemi, qui est le plus redoutable pour les abeilles. Comme la fausse-teigne atteint plus volontiers les vieilles cires que les jeunes, c'est un motif de plus pour ne les garder qu'un nombre d'années assez restreint.

Il est avantageux aussi de détruire les papillons eux-mêmes, quand vous pouvez les découvrir ; ils se tiennent souvent sous les paillassons des ruches. Les chauves-souris en saisissent un grand nombre le soir pour en faire leur nourriture ; gardez-vous donc bien de tuer ces précieux animaux volants. Dans les ruchers couverts on peut quelquefois allumer une veilleuse à l'huile ; les papillons viendront s'y brûler les ailes, et vous les trouverez morts dans le liquide de votre lampe.

2° Poux des abeilles. — Le pou des mouches à miel est un petit insecte rougeâtre et luisant, de forme aplatie, presque ronde, que l'on peut distinguer facilement à l'œil nu. Il s'attache au corps de l'abeille, ordinairement sur le corselet, et paraît y vivre à ses dépens, en suçant sa substance. L'abeille n'en paraît pas trop affectée, quoique cependant, dans ces premiers abords, elle cherche à s'en débarrasser, à quoi elle n'arrive pas facilement. La reine peut en avoir aussi et parfois plus d'un, ce qui la tourmente assez pour la faire courir sur les rayons, produire une agitation dans la ruche ; elle peut alors chercher à la quitter avec un certain nombre de mouches, pour aller se jeter et se faire tuer ailleurs.

Ce ne sont que les ruches à vieille cire qui en sont ordinairement atteintes, celles dont la mère est malade ou d'un âge avancé, celles qui sont désorganisées et dépeuplées. On en voit rarement dans les forts paniers et dans ceux qui sont jeunes. On doit regarder comme une ruche pauvre celle où se trouve cet insecte parasite, et s'en débarrasser par le mélange avec une autre. Ici encore, il y a donc tout à gagner à posséder de bonnes ruches.

3° Parmi les ennemis des abeilles, il faut ranger le rat, la souris, le mulot, la musaraigne, appelée musette en certains pays, à cause de la longueur de son mince museau. Ces animaux pénètrent partout pendant la saison d'hiver. S'ils peuvent aborder l'intérieur d'une ruche, ils rongent la cire, sucent le miel, dévorent les abeilles. C'est surtout la musaraigne qui est la plus à craindre ; elle y entre plus facilement à cause de sa petite taille, y laisse une mauvaise odeur qu'y produisent sa présence et surtout ses excréments ; elle y mange les abeilles plus encore que les autres souris.

Le seul remède à opposer est la destruction par le moyen des chats, si le rucher est près des bâtiments ; par la souricière, la pâte phosphorée, s'il est établi au loin. Il faut avoir soin, avant tout, de bien fermer les entrées au moyen de portes ou simplement avec des pierres, des tuileaux, qui laissent aux abeilles un espace suffisant pour avoir de l'air, pour sortir, mais qui ne permettent pas l'entrée aux animaux rongeurs.

Dans les ruchers, surtout pour ceux qui sont placés aux bords des forêts, on compte encore, au nombre des destructeurs d'abeilles, le hérisson, la fouine, le putois, le chat sauvage et l'ours. Ils déchirent les ruches avec leurs dents ou leurs griffes, et atteignent ainsi à l'intérieur qu'ils dévastent complètement.

4° Oiseaux. — Le premier ennemi des abeilles parmi les oiseaux est l'hirondelle. Dans les jours à température basse, dans les matinées fraîches, lorsque les mouches ordinaires sont fixées à terre, sur les herbes ou sous les feuilles des arbres, l'hirondelle, ne pouvant les saisir en cette position, se jette sur les abeilles pour en faire sa nourriture et celle de ses petits. Dans les temps les plus chauds, elle en prend moins, vu qu'elle trouve alors une infinité d'autres insectes. Il est donc certain que, sans ces oiseaux, les ruches réussiraient beaucoup mieux, comme il arrive pour celles qui sont en plein champ loin de leur portée. La mésange en détruit aussi quelques-unes, ainsi que le rossignol, le pivert pour les ruches placées près des forêts ; cependant ils se contentent souvent de celles qui sont mortes et jetées devant les ruches.

On ne peut remédier à ce mal qu'en éloignant ou en tuant une partie de ces oiseaux. Quant à l'hirondelle, je ne conseillerai d'en détruire qu'en cas de trop grande multiplication : si cet oiseau est quelque peu nuisible aux abeilles, il est très utile pour la destruction de ces milliers d'insectes qui finiraient bientôt par rendre la vie insupportable.

5° Reptiles et autres ennemis du même genre. — Le lézard gris est le plus à craindre. Il y a aussi la couleuvre, le crapaud, la grenouille et quelques autres qui s'approchent des ruches dans les nuits d'été et saisissent à leur entrée un certain nombre d'abeilles à la fois. Il faut donc tenir vos ruches à une certaine élévation au-dessus du sol ; mieux encore, il faut chercher à détruire ces ennemis ou les éloigner autant qu'on le pourra.

6° Les guêpes et les frelons. — Dans les contrées où ces insectes sont fort nombreux, ils parviennent à s'introduire dans les paniers malgré les gardiennes, et s'y gonflent de miel. Ils font plus encore : ils saisissent les abeilles qu'ils tuent, et s'emparent du miel qui est dans leurs corps. Il faudra détruire, par tous les moyens en votre pouvoir, les guêpiers et les frelonnières qui existeraient dans les environs de votre rucher. C'est surtout au printemps qu'il faut tuer ces guêpes femelles d'une grosseur démesurée, qui portent en elles les germes d'une nombreuse famille. Le soufre, l'eau bouillante, le feu sont les moyens mis en usage pour anéantir leurs nids ; il faut le plus souvent bêcher la place pour arriver aux rayons, qu'on écrase complètement.

7° Les fourmis peuvent aussi nuire aux ruches, en s'y introduisant pour sucer le miel ; détruisez donc les fourmilières comme les guêpiers, avec de l'eau bouillante.

8° Les araignées tendent leurs toiles sur les ruches ou aux environs ; les détruire, ouvrages et ouvrières, c'est ce qu'il faut s'empresser de faire partout où on les rencontre. En un mot, il faut avoir l'œil ouvert sur toute espèce d'ennemis, quels qu'il soient, et leur déclarer une guerre sans trêve. Avec ces soins et cette attention, vos abeilles se multiplieront davantage. Vous connaissez les bénéfices que rapportent les colonies bien peuplées et la proportion dans laquelle elles travaillent.

9° Aux ennemis des abeilles déjà cités, il faut joindre un des plus redoutables, ce sont les abeilles elles-mêmes. S'il y a les plus bienveillants rapports entre les mouches d'une même ruche, il n'en est pas de même entre celles de ruches différentes. A la suite de la saison où le miel a été récolté en abondance, les abeilles habituées au travail ne supportent qu'avec peine l'obligation d'un demi-repos, et, dans cette funeste oisiveté, elles cherchent à piller les ruches voisines qui seraient trop dépeuplées, et par le fait même mal gardées et mal défendues. Un certain nombre d'entre elles remplissent donc la triste fonction de rechercher ces ruches, et, si elles peuvent s'y introduire sans trop de risques, elles vont bientôt donner le signal dans leur propre colonie. On voit alors les autres abeilles arriver nombreuses et enlever les provisions amassées par leurs voisines. Dans cette occasion il se livre presque toujours des combats acharnés, d'un côté pour l'attaque, de l'autre pour la défense. Il en résulte nécessairement un nombre considérable de morts, dont la terre paraît toute couverte aux environs de la ruche livrée au pillage.

Quel remède opposer à un si grand mal quand on s'en aperçoit à temps ? C'est d'abord de rétrécir l'entrée de la ruche déjà pillée en partie ou menacée de l'être. Si ce moyen ne suffit pas pour tout arrêter, il faut l'envelopper d'un linge clair et l'emporter de suite dans un lieu sombre ; le soir, si le pillage ne l'a pas trop ravagée, vous la placerez dans les champs, à deux kilomètres au moins. Si après quelques semaines elle a repris une marche régulière, vous pouvez la rapporter au rucher et peut-être feriez-vous bien de ne pas la reposer à la même place. Surveillez-la toujours avec une certaine défiance ; que l'entrée n'en soit pas trop large et soit facile à garder. Si elle ne s'était pas remontée, s'il n'y avait pas trop d'espérance de la conserver en bon état et de la voir atteindre sans risque l'année suivante, chassez-en les mouches pour les réunir à une ruche du voisinage, et prenez le reste des provisions qu'elle renferme.

Puisque le pillage est tant à craindre, surtout dans les beaux jours de fin d'été, je vais vous dire un mot sur les causes qui l'occasionnent et les mesures à prendre pour le prévenir.

Une ruche est exposée au pillage quand sa population est considérablement diminuée, qu'elle a du miel en abondance, ou bien lorsque les abeilles sont tombées dans une sorte de découragement par suite de la perte ou de la vieillesse de leur reine, qu'elles ne peuvent remplacer. Il faut alors simplement s'emparer du contenu de ces ruches ou renforcer leur population par le mélange d'un essaim secondaire ou de quelques chasses. Dans ces deux derniers cas, il faudrait détruire la mère, si, existant encore, elle était devenue trop vieille.

Une ruche est exposée au pillage, je l'ai déjà dit, lorsque vous y faites une récolte partielle dans une saison encore chaude et sans travail pour les abeilles. Les rayons dont on a taillé un bout laissent toujours couler quelque peu de miel sur le plateau, au moment où vous y reposez la ruche. Les autres abeilles, attirées par l'odeur de ce miel, viennent pour s'en emparer, et, une fois introduites dans la ruche, elles pilleront tant qu'il y en aura. Prenez donc toutes précautions à l'occasion de cette récolte partielle : placez-vous à l'ombre, assez loin du rucher ou dans une chambre ; faites égoutter votre ruche pendant quelques minutes au-dessus d'une terrine avant de la reporter à sa place ; rétrécissez l'entrée et ne laissez nulle part d'autre issue. Si, malgré ces mesures, le pillage y avait lieu, emportez-la dans une chambre noire ou dans une cave et laissez l'y jusqu'au lendemain à midi.

10° Enfin un grand ennemi des abeilles, c'est l'homme lui-même, quelquefois le propriétaire de ces intéressants et si utiles insectes.

L'apiculteur qui ne soignera pas ses abeilles conformément aux bons principes, qui en fera ou en laissera périr par son ignorance ou sa négligence, n'est-il pas l'ennemi le plus redoutable entre tous ? Celui qui les étouffera pour s'emparer de leurs produits, n'est-il pas un ingrat, une âme basse et féroce ? Eh quoi ! faire mourir vos chères abeilles parce qu'elles vous ont amassé du miel en abondance, n'est-ce pas pousser la barbarie à ses dernières limites ? Malheureux étouffeurs, je vous en prie, ayez un peu plus de cœur, de plus nobles sentiments, et ne détruisez pas volontairement l'œuvre de Celui qui est le Créateur de vos abeilles et le vôtre.

L'homme encore, le voleur de ruches, est le plus souvent un ennemi dangereux pour les mouches à miel. Que fera-t-il de ces abeilles volées ? Ils les détruira sans doute pour ne pas donner occasion à de fâcheux soupçons sur son action indigne. Il brisera en un clin d'œil ce qu'un autre aura soigné si assidûment pendant des mois entiers, pour s'emparer de ce qui ne lui appartient pas. Si ce misérable est jamais découvert, qu'il soit livré aux tribunaux sans miséricorde ; c'est une excellente œuvre à faire pour la conservation et la propagation des abeilles.

Je termine en vous recommandant d'éloigner de votre rucher les chiens, les chevaux et toute espèce de bétail, surtout à couleur noire ; gardez-vous bien pour les chevaux de les attacher aux environs : les abeilles souffrent avec peine la présence de ces animaux et les ont bientôt attaqués. Si un cheval est attaché, il recevra en peu d'instants assez de piqûres pour le faire périr ; c'est un fait déjà arrivé plusieurs fois et qui a fourni matière à procès. Remarquez aussi que toute abeille qui a enfoncé son aiguillon dans le cuir d'un animal ne l'a pu retirer ordinairement et a péri à la suite de l'attaque : ce qui cause dans les ruches une perte réelle par la diminution de population.

TRAVAUX ET SOINS DU MOIS D'AOUT.

Ce mois est bien précieux pour les abeilles dans les contrées où l'on sème le sarrasin, le sainfoin à deux récoltes, qui fleurit alors pour la seconde fois, la luzerne, dont la deuxième coupe fournit miel et pollen en abondance. Si ces ressources n'existent pas dans votre commune et qu'il y en ait à peu de distance, faites votre possible pour y conduire quelques ruches, toujours assurément les plus faibles, qui n'ont pas encore leurs provisions d'hiver.

Passez quelquefois en revue vos ruches ; si vous en voyez quelqu'une où le mouvement se ralentit, où des bourdons paraissent encore, vous pouvez croire qu'il n'y a plus de reine ; assurez-vous en, et, dès qu'il est constaté que la mère manque, réunissez-la à une autre ruche du voisinage ou mêlez-y quelque petit essaim, s'il en restait à votre disposition.

Ne cessez de veiller sur la fausse-teigne, puisque c'est dans ce mois qu'elle peut faire ses plus terribles ravages.

DOUZIÈME LEÇON. — MOIS DE SEPTEMBRE.

Réunion. — Nourrissage. — Lois.

Dans la neuvième leçon (mois de juin), il a déjà été parlé des réunions d'essaims seconds entre eux ; d'essaims à certaines ruches peu populeuses qui ne se remontaient pas assez rapidement pour faire un panier capable de passer l'hiver. Dans la leçon d'avril, il en a été fait aussi une courte mention pour les ruches trop affaiblies pendant la mauvaise saison, en renvoyant à celle de septembre pour les principes à suivre dans cette difficile opération. Je vais donc ici donner les moyens pratiques, que l'on pourra appliquer à toutes les époques où l'on jugera bon et nécessaire d'opérer des réunions.

Cette question est une des plus importantes en apiculture et des plus fécondes en heureux résultats ; mais vous n'aurez besoin que rarement d'y recourir si vous avez eu soin de réunir les essaims seconds entre eux ou à leur souche, de mélanger les essaims tardifs, en un mot, de n'avoir ou de ne faire que des colonies fort populeuses.

Quand vous réunissez deux ou trois petites peuplades en une seule, persuadez-vous bien que vous n'avez pas diminué la quantité de vos abeilles ; une ou deux reines sont sacrifiées, et en ceci vous ne perdez absolument rien, puisque une seule, avec bon nombre de travailleuses, produira plus de couvain que vos trois maigres populations demeurées séparément ; elle amassera aussi plus de miel.   .

Pour réunir avec succès, il faut toujours prendre les précautions d'usage, de façon à rendre à peu près nul le signe de ralliement propre à chaque ruche ; on y arrive par la fumée, qui met les mouches sous l'impression d'un danger ou d'un malaise qui les occupe uniquement, ou en leur versant un peu de miel bien liquide, qui leur procure un sentiment de joie, dont le résultat est le même que précédemment.

Je vais indiquer brièvement les différentes méthodes mises en usage à peu près partout, selon la forme des ruches. Il faudra toujours procéder sur des colonies voisines ou aussi rapprochées que possible, afin que les abeilles ne s'égarent pas trop à leur rentrée et retrouvent facilement leur habitation.

1° *Réunion des ruches à calotte.* — Les calottes ont été enlevées depuis assez longtemps ou n'ont pas été posées à cause de la mauvaise année ou de la faiblesse de la population. Vous enfumez d'abord assez fortement les deux ruches ; vous enlevez le bouchon de la plus faible ou de la plus vieille en cire, puis vous posez l'autre par-dessus, ayant soin qu'il n'y ait entre les deux aucune interruption, pas même de deux centimètres ; si cet intervalle existait, vous poseriez un morceau de cire ou quelque autre objet pour combler l'espace vide ; c'est une condition sans laquelle les mouches du bas ne monteraient pas dans le panier du haut.

2° *Réunion des ruches à hausses.* — Agissez à peu près comme il vient d'être dit pour les ruches à calotte. Enfumez les deux ruches pendant un temps suffisant, enlevez les hausses dans lesquelles ne se trouvent pas d'abeilles, puis le couvercle de celle qui doit occuper le dessous, et posez l'autre ou les autres par-dessus. Lancez alors une seconde fois quelque peu de fumée, et l'opération sera ainsi terminée sans aucun combat.

Conservez avec soin les hausses enlevées ; s'il y a une cire encore jeune, vous y logerez l'année suivante un essaim, qui aura une avance bien précieuse dans un travail tout fait.

3° *Réunion des ruches communes en une seule pièce.* — Vous avez, je suppose, deux ruches de même largeur ; enfumez un peu ; renversez sens dessus dessous celle que vous voulez supprimer, et posez l'autre par-dessus, en consolidant le tout de votre mieux ; unissez les rayons des deux ruches par un morceau de cire. Peu à peu les abeilles du bas gagneront le haut ; une reine sera sacrifiée et vous aurez une bonne ruche au lieu de deux médiocres, qui ne vous causeraient que de l'embarras, des dépens, avec danger de tout perdre. Laissez vos deux ruches dans cette position jusqu'à ce que toutes les mouches soient montées et avec elles tous les vivres que contenait la ruche inférieure.

Vous pouvez opérer d'une autre manière encore : vous chassez par tapotement les abeilles dans une ruche vide ; le soir, vous les réunissez à une autre que vous

(*Fig. 59.*) Opérateur transvasant par tapotement.

aurez bien enfumée, comme pour mêler un essaim à un autre logé depuis plusieurs jours, ou à une ruche trop peu peuplée.

Au lieu de chasser par tapotement, vous pouvez procéder par la méthode suivante, pourvu qu'il fasse un beau soleil avec une température d'au moins 10 à 12 degrés de chaleur, condition pour que les abeilles puissent prendre leur volée. Vous enlevez la ruche dont vous vous proposez de tirer les abeilles, et vous en mettez une vide en sa place sur la même tablette. Si la terre est un peu fraîche, vous étendez quelques poignées de belle paille en avant. Vous versez alors une cuillerée ou deux de miel liquide sur le bout des rayons, pour y attirer les abeilles et les mettre en mouvement. Après quelques minutes, vous prenez cette ruche par sa poignée et vous donnez, de tout son poids, de légères secousses par terre ou sur la paille, mais chaque fois à des places différentes. Il tombe à chaque coup un certain nombre d'abeilles, qui s'envolent et vont rejoindre la ruche vide, où elles montent bientôt. Après chaque coup donné à terre, ayez soin de chercher la reine ; dès que vous l'avez aperçue, prenez-la dans un verre et posez-la à l'entrée de la ruche ; elle y montera et attirera promptement toutes les abeilles. Donnez autant de coups qu'il en faudra pour vider la ruche à peu près complètement. Le soir, vous mêlerez ces abeilles à une ruche du voisinage, après avoir enfumé.

S'il y a quelque peu de miel dans la ruche que vous videz ainsi, il est probable que les rayons où il se trouve se détacheront ; mais faites-y peu attention ; vous pouvez même alors les enlever pour les présenter sous les ruches à nourrir ou les laisser, en les rattachant avec une ou deux chevilles passées au travers de tous les rayons.

Voici une légère modification à cette dernière méthode : vous avez deux ou trois ruches voisines que vous voulez réunir en une seule : versez un peu de miel sur les rayons de chacune, un peu plus sur celle où vous voulez introduire les abeilles, en l'enfumant aussi pour plus de sûreté ; mettez cette dernière dans le milieu de la place qu'occupaient vos deux ou trois autres, puis secouez devant elle celles que vous voulez vider, comme il a été dit plus haut ; les abeilles s'envoleront et se réuniront à la seule ruche qu'elles trouveront à leur ancienne place, et cela sans combat, à cause du miel qu'elles sont occupées à recueillir sur les rayons, et de la fumée que vous leur aurez projetée. N'oubliez pas d'y introduire les reines, dans l'espérance que la plus forte et la meilleure tuera l'autre. Si vous aviez une bonne ruche privée de sa mère-abeille, ce serait une excellente occasion pour lui en procurer une.

Il y a encore un autre moyen de pratiquer les réunions, c'est par l'asphyxie momentanée des abeilles ; comme elle est peu facile et assez dangereuse, il faut en user avec circonspection, et quand les autres méthodes sont impossibles à l'époque dans laquelle vous vous trouvez. Vous faites brûler du sel de nitre purifié ou des vesces-de-loup bien sèches sous les ruches à mélanger, en opérant vers le soir ; n'oubliez pas de mettre au-dessus du foyer un objet quelconque pour empêcher les mouches de tomber sur le feu. Au bout de trois ou quatre minutes, les abeilles sont asphyxiées et tombées en partie ; vous secouez le reste à la main ou avec les barbes d'une plume ; alors vous jetez le tout dans la ruche qui doit les recevoir et vous la laissez, l'ouverture en haut, jusqu'au lendemain, en ayant soin de la couvrir d'un objet quelconque ; à leur réveil, elles se trouvent ne plus faire qu'une seule famille, avec un accord parfait.

C'est à vous maintenant de choisir entre ces méthodes, quand vous êtes dans la triste nécessité d'en faire usage, nécessité qui arrive vers la fin de certaines mauvaises années orageuses et très-pluvieuses ; beaucoup d'abeilles ont péri : toutes les colonies sont considérablement affaiblies, la nourriture est peu abondante ou même manque totalement ; il faut donc réunir les restes des ruches pour les sauver et leur donner les vivres suffisants pour passer la saison d'hiver. Remarquez encore qu'il y a avantage à réunir une colonie sans vivres à celle qui en possède abondamment ou suffisamment. Dans ce cas, vous êtes dispensé de nourrir, ce qui économise du temps et du miel. Avant de chasser les abeilles, vous devez donc examiner quelles sont les ruches qui pourraient les recevoir, sans que vous soyez obligé de faire des frais de nourriture.

1º *Que doit-on faire des ruches dont on a chassé les abeilles et de celles où elles sont mortes ?*

R. Si la cire est vieille, enlevez-la pour la fondre. Si elle est de l'année ou même d'un an et demi, vous devez la conserver au sec, hors de la portée des souris ; pour cela, vous mettez vos ruches dans une chambre sèche et bien close, ou bien vous les pendez au grenier. Vous y logerez vos premiers essaims et vous serez assuré de leur réussite par l'avance qu'ils auront dans cette cire. Dans certaines contrées, on les achète même à un bon prix, vu qu'elles rapportent chacune un bénéfice net de cinq à six kilogrammes de miel en plus.

NOURRISSAGE DES ABEILLES. — Il est bien entendu que vous perdez votre temps et votre miel en nourrissant séparément des ruches trop faibles ; vous les avez donc réunies deux ou trois en une seule ; dans ces conditions

vous réussissez neuf fois sur dix. Pour ne rien faire
d'inutile dans le nourrissage de vos abeilles, il faut peser
exactement toutes vos ruches avant d'y introduire un
essaim, et en marquer le poids en un endroit où il ne
puisse s'effacer.

Dans la deuxième quinzaine de septembre ou au commencement d'octobre, vous pesez à la main celles sur
lesquelles vous avez quelques doutes. Si, avec ce moyen,
vous obtenez une certitude suffisante du poids nécessaire pour passer l'hiver, vous la reposez à sa place et
vous ne vous en inquiétez plus avant la fin de mars.
Celles que vous trouvez faibles ou d'un poids douteux,
vous les pesez à la romaine et vous vous assurez de la
quantité qui leur manque ; vous l'inscrivez et vous la
donnez dans le plus bref délai.

2° Quel poids doit avoir une ruche pour passer l'hiver ?

R. Un essaim doit avoir dix kilogrammes en plus du
poids de la ruche ; une ruche de un à deux ans, onze
kilogrammes, une vieille ruche, douze à treize kilogrammes. Connaissant le poids brut de chaque ruche,
il vous est très-facile de constater son avoir en miel,
cire et abeilles, et de donner la quantité nécessaire de
vivres ; comptez cinq livres pour quatre, à cause de la
consommation opérée par la digestion et l'évaporation.

Le poids, pour passer sûrement l'hiver, doit être plus
élevé dans les contrées du nord que dans celles du midi,
de l'Italie ou de l'Espagne ; celui qui est indiqué plus
haut convient aux contrées du nord de la France et de
toutes celles qui sont situées à peu près sur la même

latitude ; il faut nécessairement qu'il soit un peu plus élevé dans la Belgique, l'Angleterre et le nord de l'Allemagne.

3° Quel genre de nourriture faut-il donner aux abeilles qui en manquent ?

R. Le miel est naturellement ce qui leur convient le mieux ; si l'on en possède qui ait été fait à la presse ou coulé au four ; si l'on a du miel de sarrasin ou de bruyère, peu propre pour le commerce, vous le donnerez de préférence à vos ruches qui en manquent. Le bon miel blanc serait certainement préférable et plus profitable aux abeilles que celui de dernière qualité ; mais vous n'en donnerez qu'après épuisement du gros miel, qu'il est difficile d'employer dans la consommation. Si vous avez du miel en couteaux, conservé dans des calottes enlevées en arrière-saison, vous pourriez aussi le donner aux mouches, soit en plaçant cette calotte sur la ruche disposée pour la recevoir, soit en la plaçant renversée sous le panier qui n'a pas d'ouverture dans le haut.

Si le miel vous manque ou va vous manquer, vous pouvez y suppléer par de la cassonnade ou du sucre blanc, quand son prix n'est pas trop élevé. Vous le fondrez sur le feu, en mettant un litre d'eau pour trois à quatre livres de sucre en automne et pour trois livres au printemps ; quand il est fondu, vous pouvez y mélanger un peu de miel, s'il vous en reste encore, et le faire fondre aussi en le remuant pendant quelques minutes, ce qui vous fait comprendre que tout miel doit aussi être fondu sur le feu avant de le donner à vos mouches ; on peut mettre trois ou quatre cuillerées d'eau pour chaque livre de miel, s'il est fort dur. Il est bon, la première fois surtout, de le donner un peu tiède, pour exciter les abeilles à descendre. Quant à la quantité à donner en une fois, voici la règle à suivre : vos abeilles, en une nuit, en remonteront facilement trois ou quatre livres, eh bien, donnez-les ; car ici il faut toujours aller vite en besogne, on obtient de meilleurs résultats.

C'est le soir, après le coucher du soleil, par une température assez douce, que vous devez présenter la nourriture. Si le temps était devenu trop froid, il faudrait alors rentrer votre ruche dans une chambre chaude ou dans une cave. Le lendemain matin, si votre ruche est placée dehors, vous devez retirer de dessous ce qui serait resté de nourriture, pour éviter un pillage dans la journée. Si vous tenez cependant à leur laisser tout remonter, fermez assez bien votre ruche, pour qu'aucune mouche ne puisse entrer ou sortir, mais de façon cependant qu'il reste un faible courant d'air pour éviter l'asphyxie.

4° Comment faut-il donner la nourriture aux abeilles ?

R. Prenez ordinairement un plat de terre, assez profond et assez large pour contenir la quantité que vous voulez donner. Pour l'y verser, prenez un objet quelconque qui contienne une quantité dont vous connaissez le poids, et comptez exactement pour savoir quand il faudra vous arrêter. Lorsque votre miel est versé dans ce plat, — ce que vous devez exécuter sur la tablette même de la ruche à laquelle il est destiné, — étendez par-dessus des brins de belle paille, coupés de mesure, de façon à le couvrir totalement. Vous y ajouterez une poignée de copeaux légers sur lesquels vous répandrez un peu de miel ; vous placez alors la ruche par-dessus. Il faut nécessairement que la cire touche ces copeaux pour que les mouches puissent descendre facilement; si la ruche n'est pas remplie de rayons, mesurez d'un coup d'œil à quelle hauteur ils se trouvent, et élevez votre plat autant qu'il le faudra, au moyen d'une brique ou deux placées par-dessous. Si les rayons descendent jusque sur la tablette, c'est la ruche qu'il faut alors surélever avec des cales ou en la plaçant sur une hausse de même dimension et de la même hauteur que votre plat. Dans ce cas, il ne faut que très-peu de copeaux qui, en toutes circonstances, doivent servir comme d'échelle pour mettre vos abeilles en communication avec le miel que vous leur présentez.

Si la ruche est à calotte, vous pourriez aussi donner votre miel par-dessus, dans un vase à fleurs dont vous fermez le fond avec un bouchon de liège bien serré. Vous emplissez ce pot, que vous couvrez d'un linge fin ; vous rabattez ce linge et vous le liez ensuite solidement avec une ficelle ; puis vous le placez renversé sur l'ouverture de la ruche. Vous calfeutrez tout autour pour empêcher toute sortie des abeilles ou l'entrée des étrangères. Si vous avez quelques rayons de miel, vous pouvez aussi les placer sur la ruche et les recouvrir d'une calotte bien scellée. Dans certaines contrées, il y a aussi des vases en terre cuite, ou en verre faits exprès pour cette opération ; on peut en faire usage. Toutes les fois que vous donnez la nourriture par le haut de la ruche, vous pouvez ordinairement le faire en plein jour ; cependant c'est toujours plus prudent d'attendre vers le soir. Si une seule nuit ne suffit pas pour faire remonter la nourriture à vos abeilles, donnez la nuit ou les nuits suivantes, sans interruption,

(*Fig. 40.*)
Ruche nourrie par le haut.

autant que possible. Donnez aussi plutôt un peu plus que moins ; les abeilles n'en abuseront pas et vous serez plus tranquille pour l'avenir.

Voilà pour l'automne. Au printemps, pesez de nouveau les ruches douteuses, mélangez les faibles et nourrissez, s'il le faut, en donnant la quantité nécessaire pour atteindre la saison des fleurs. A cette époque, il faut compter trois livres par mois, vu qu'il y a plus ample consommation à cause de l'élevage du couvain.

Après avoir nourri une ruche au printemps, il arrivera, mais rarement cependant, qu'aux premiers beaux jours de soleil toutes ses abeilles partiront sous forme d'essaim. Si elles s'arrêtent à peu de distance, vous les amasserez, mais pour les mélanger ensuite à une ruche faible en population. Le plus ordinairement elles seront perdues pour vous, parce qu'elles iront se jeter dans une ruche forte, où elles pourront être massacrées. La cause de ce départ est dans l'odeur désagréable qui a été donnée à leur ruche par le miel que vous y avez fait remonter, ou par les déjections qu'elles ont été forcées de répandre sur les rayons à cette occasion. On en voit aussi partir de cette façon, parce qu'elles n'ont plus de vivres ou plus de reine.

TRAVAUX ET SOINS DU MOIS DE SEPTEMBRE.

Continuer à veiller sur les ravages que pourrait occasionner la fausse-teigne. Appliquer, s'il y a lieu, ce qui est dit dans cette leçon pour le mélange et le nourrissage des abeilles. Réunir à d'autres ruches les abeilles de celles dont on récolte le miel vers la fin de ce mois. Faire une guerre impitoyable aux cruels étouffeurs des abeilles.

LOIS SUR LES ABEILLES. — Loi du 28 septembre 1791 : « La culture des abeilles, comme celle de tous les autres animaux, n'est soumise à aucune restriction.

» Le propriétaire d'un essaim a droit de le réclamer et de s'en saisir tant qu'il n'a pas cessé de le suivre ; autrement, l'essaim appartient au propriétaire du terrain sur lequel il s'est fixé.

» Un essaim qu'on aperçoit en l'air, et qui n'est pas suivi, appartient à celui qui l'a aperçu et qui le suit.

» Les ruches d'abeilles ne peuvent être saisies ou vendues pour contributions publiques, ni pour aucune cause de dettes, si ce n'est par celui qui les a vendues ou celui qui les a concédées à titre de cheptel ou autrement. »

Article 479 du Code civil : « Pour aucunes causes il

n'est permis de troubler les abeilles dans leurs courses et travaux ; en conséquence, même en cas de saisie légitime, les ruches ne peuvent être déplacées que dans les mois de décembre, janvier et février. »

Article 54 du Code civil : « Sont immeubles par destination, quand elles ont été placées par les propriétaires pour le service et l'exploitation du fonds... les ruches à miel... »

L'article 454 du Code pénal inflige la peine de six jours à six mois de prison à celui qui aura tué sans nécessité un animal domestique appartenant à autrui. Les abeilles sont comprises dans le nombre, et celui qui les détruirait dans ces circonstances pourrait encourir cette peine.

Il serait avantageux qu'il parût au plus tôt un code rural, dans lequel serait traitée la législation sur les abeilles avec une clarté et des détails suffisants pour bien fixer les droits de chacun et éviter toute discussion et tout conflit.

LES DIX COMMANDEMENTS

DE L'APICULTEUR.

1. — Tes abeilles tu soigneras
   Toujours avec entendement.

2. — La routine abandonneras
   Pour agir méthodiquement.

3. — Les essaims tu surveilleras,
   Parce qu'ils s'en vont lestement.

4. — Les faibles tu réuniras
   Pour les conserver sûrement.

5. — Les plus peuplés tu nourriras,
   Quand ils manqueront d'aliments.

6. — Leur logement tu construiras
   Toujours économiquement.

7. — Du froid tu les préserveras,
   De la chaleur également.

8. — Tes abeilles transvaseras
   Pour récolter sans accident.

9. — Jamais tu n'en étoufferas,
   C'est agir trop cruellement.

10. — Cire et miel tu recueilleras,
   Remerciant Dieu sincèrement.

D. HUILLON.

CHANSONNETTE SUR LES ABEILLES,

TIRÉE D'ANCIENS CANTIQUES.

AIR : *Au clair de la lune,* ou : *Du Dieu de puissance.*

I

Charmantes abeilles,
Vous nous ravissez ;
Oh ! que de merveilles,
Vous réunissez !
Dans la petitesse,
Votre agilité
Est jointe à l'adresse,
A l'utilité.

II

Vos légères ailes
Sont votre soutien ;
Vous cherchez par elles
Tout votre entretien.
Brillante cohorte,
Venez et allez ;
C'est Dieu qui vous porte
Lorsque vous volez.

III

A la picorée,
Cherchez le butin ;
Sur la fleur dorée,
Le lys et le thym.
Bonnes ouvrières,
Don venu du Ciel,
Portez aux chaumières
La cire et le miel.

IV

Belle république,
Ton gouvernement,
De la politique
Fait l'étonnement.
Certaines résident
Pour l'œuvre au dedans ;
Les autres président
A l'œuvre des champs.

V

Tout se fait dans l'ordre,
Sans confusion ;
Jamais de désordre
Dans votre maison ;
Chacune s'accorde,
La paix est chez vous ;
La triste discorde
N'est que parmi nous.

VI

La reine fredonne
Et vous l'écoutez ;
Sitôt qu'elle ordonne,
Vous exécutez.
Ah ! fais-je de même ?
Suis-je obéissant
A la loi suprême
Du Roi tout puissant ?

VII

Jamais fainéantes
En bonne saison ;
Toujours vigilantes
En votre moisson ;
Sans train, sans machine
Et sans attirail,
Une main divine
Vous met au travail.

VIII

Vous prenez l'essence
D'une belle fleur,
Et par la puissance
Du divin auteur,
Vous savez réduire,
Selon votre instinct,
En miel et en cire
Tout votre butin.

IX

Vos travaux, vos veilles
Ne sont pas pour vous ;
Aimables abeilles,
Ils servent pour nous.
Sages ouvrières,
Un Dieu, par vos soins,
En mille manières
Veille à nos besoins.

X

Abeilles bénies,
Qu'on aime en tout lieu,
Sœurs toujours unies
Sous la main de Dieu ;
A voir votre ouvrage
Le sage se plaît ;
Pour lui c'est l'image
D'un ordre parfait.

TABLE DES MATIÈRES

Châlons, imp. T. Martin.